AF620105

CATÉCHISME AGRICOLE.

Montbrison. - Imprimerie Conrot.

CATÉCHISME
AGRICOLE

OU

NOTIONS ÉLÉMENTAIRES
D'AGRICULTURE

OUVRAGE DESTINÉ

AUX ÉCOLES PRIMAIRES

(2me ÉDITION.)

SE TROUVE

A Moulins,
Chez Mlles DULAC, libraires.

A St-Étienne,
Chez M. CHEVALIER, libre.

A Montbrison,
Chez M. LAFOND, libraire.

A Bourg,
Chez M. DUFOUR, libraire.

A Roanne, Chez M. DURAND, libraire

1864.

établi roi de la création. S'il est nécessaire que cet être connaisse son auteur auquel il est soumis, il est aussi nécessaire qu'il connaisse le moyen de remplir la mission qui lui a été donnée sur la terre.

La première de ces connaissances répond à son âme, à sa partie spirituelle; la seconde à son corps, à sa partie matérielle; Dieu les a unies pour former l'homme. Celui-ci a donc des devoirs à remplir envers l'une et l'autre; il faut qu'il en soit instruit.

Sans doute l'esprit humain ne peut acquérir de prime abord cette instruction dans toute son étendue. Il n'y parvient que par degré, et il lui restera toujours beaucoup à apprendre; mais il est des principes généraux, des vérités primordiales qu'il ne lui est pas permis d'ignorer sans encourir la déchéance de sa céleste origine.

L'enseignement religieux suit cette marche; il pose les bases de la croyance et les affirme, et cette semence non encore expli-

PRÉFACE.

Les enfants qui fréquentent les écoles primaires sont pour le plus grand nombre destinés à cultiver la terre; cette occupation absorbera toujours la majeure partie de la population; elle est la première condition de l'existence du genre humain.

Pour l'enfant, la connaissance de Dieu doit précéder toutes les autres; mais celle de sa destinée dans ce monde doit l'accompagner, et cette destinée n'est autre que le travail, et surtout le travail de la terre. Son enseignement a donc une étroite connexité avec celui de la religion; il faut que l'un et l'autre pénètrent en même temps et de la même manière dans l'esprit des enfants.

Au catéchisme religieux doit être joint un catéchisme agricole; ils se complètent l'un par l'autre pour faire l'homme ce que Dieu a voulu qu'il fût: un être créé à son image, quée germe dans les intelligences où elle a été déposée et se développe avec elle. La vérité existe, abstraction faite de sa démonstration, à laquelle on parvient plus tard, mais elle doit d'abord être acceptée.

L'enseignement religieux affecte le plus ordinairement la forme du dialogue, parce que c'est celle qui se met le mieux à la portée des jeunes intelligences, car elle aide et guide la mémoire, faculté par laquelle l'esprit humain s'approprie toutes ses connaissances ; elle l'enferme dans des limites qu'il serait dangereux pour lui de franchir avant d'avoir acquis la plénitude de sa force.

Ce que l'expérience a prouvé être si utile pour l'enseignement religieux nous le tentons pour l'enseignement agricole en publiant ce catéchisme, que nous avons cherché à assimiler, autant que possible, au catéchisme mis entre les mains de tous les enfants pour leur apprendre la religion, afin de leur apprendre en même temps et de la même manière l'agriculture. Cette similitude dans les deux enseignements doit avoir l'avantage de les faciliter l'un par l'autre; leur origine est la même, ils ne sauraient se contredire; mais par la diversité de ce qui en fait l'objet, on multiplie ce qui peut attirer l'attention et frapper l'imagination des enfants, et, comme en réalité toutes les deux n'ont d'autre fin que de faire connaître, adorer et aimer Dieu, il en résulte qu'en faisant des hommes religieux on peut faire de bons cultivateurs.

Loin de nous la prétention de publier un traité d'agriculture; nous n'avons pas perdu un instant de vue ceux auxquels cet ouvrage est destiné, et la seule difficulté qu'il a pu nous présenter a été de le maintenir constamment à leur portée. C'est pour cela qu'il est divisé en trois parties.

La première ne contient que des notions générales, isolées de leur application.

La seconde traite des diverses spécialités de culture et des pratiques agricoles consacrées par l'expérience, sans toutefois remonter aux causes par lesquelles elles peuvent être justifiées.

La troisième offrira des explications simples qui, sans aborder le domaine de la science, pourront mettre les enfants à l'abri des erreurs et des préjugés, soutiens de la routine, et pourront leur ouvrir des horizons nouveaux dans lesquels, plus tard, ils se sentiront peut-être la force de pénétrer. Ces explications n'auraient-elles d'autre avantage que celui de leur enlever cet esprit de défiance contre ce qu'ils ignorent et de leur inspirer le respect dû à la science, elles seraient encore utiles.

Ainsi compris et divisé, cet enseignement paraîtra suffisant pour les enfants qui fréquentent les écoles primaires ; les trois degrés qu'il comprend le rendent applicable à toutes les intelligences, et, quel que soit celui auquel on se sera arrêté, l'élève quittera l'école imprégné de saines doctrines agricoles auxquelles il tiendra d'autant plus qu'elles seront les premières qui lui auront été présentées. Elles surnageront toujours dans son esprit, comme ces principes religieux qui, reçus dans l'enfance, prévalent sur le reste de la vie.

Maintenant, je demanderai grâce pour ce que laissent à désirer les définitions et appréciations des choses que j'ai voulu définir et apprécier. Je suis éloigné de tout esprit de système, parce qu'il serait incompatible avec l'œuvre que j'ai entreprise ; et ce qui lui serait le plus contraire, ce serait de donner lieu à des controverses; une seule chose lui suffit et prouvera son utilité, c'est de disposer les enfants à aimer et respecter l'agriculture et de les rendre capables de la pratiquer avec fruit en les affranchissant de tout ce qui s'oppose à ses progrès.

Montbrison, le 21 mars 1863.

S^n DU CHEVALARD,

Chevalier de la Légion-d'Honneur, Membre du Conseil général du département de la Loire, Président de la Société d'agriculture de Montbrison, ancien Recteur de l'Académie départementale de la Loire.

CATÉCHISME AGRICOLE

1re Partie.

NOTIONS GÉNÉRALES.

CHAPITRE Ier.

Idées premières.

D. Qu'est-ce que l'agriculture ?

R. L'agriculture est le travail que l'homme applique à la terre pour en retirer ce qui est nécessaire à son existence.

D. L'homme est-il tenu d'accomplir ce travail ?

R. Oui.

D. Par qui le commandement lui en a-t-il été donné ?

R. Par Dieu lui-même.

D. Où et comment ?

R. Lorsqu'il lui a dit, après la faute d'Adam : « Tu mangeras ton pain à la sueur de ton front. »

D. L'homme doit-il se soumettre à ce commandement ?

R. Oui.

D. Pourrait-il s'en dispenser ?

R. Non.

D. Cependant, en créant la terre, Dieu l'a couverte de plantes de toutes les espèces qui se sont renouvelées depuis le commencement du monde dans des lieux qui n'ont jamais été cultivés; elles servent de nourriture à des animaux créés en même temps qu'elles. L'homme ne pourrait-il pas en user comme eux ?

R. Non.

D. Pourquoi ?

R. Parce que, supérieur à tous les êtres de la création par l'âme immortelle que Dieu lui a donnée, par son intelligence et par son organisation, il doit pourvoir à sa conservation autrement que les animaux.

D. Les besoins de l'homme sont donc plus nombreux et plus variés ?

R. Oui.

D. Ce que la terre produit d'elle-même ne pourrait donc y suffire ?

R. Non.

D. Sans le travail prescrit par Dieu, que deviendrait l'espèce humaine ?

R. Elle disparaîtrait de dessus la terre.

D. Que concluez-vous de ceci ?

R. Qu'en accomplissant la loi du travail agricole que Dieu lui a imposée, l'homme donne la meilleure preuve qu'il est le roi de la création.

D. L'agriculture est donc une bien belle profession ?

R. La plus belle de toutes.

D. Si elle est si indispensable à l'homme, chacun devrait en avoir en soi la connaissance, comme tous les animaux ont en eux l'instinct qui les fait pourvoir à leur conservation ?

R. L'intelligence, bien supérieure à l'instinct, ne connaît les choses que parce qu'elle les apprend.

D. On ne sait donc pas l'agriculture sans l'avoir apprise ?

R. Non.

D. Il faut donc l'apprendre ?

R. Oui.

CHAPITRE II.

De la Végétation.

D. La graine, la semence cueillie sur une plante et recouverte d'un peu de terre, fait bientôt apercevoir à la surface du sol comme un brin d'herbe à peine visible, ce qui fait dire que la semence lève de terre; puis, le brin d'herbe grandit et devient exactement la même plante que celle dont on a détaché la graine qui l'a produite. Quelle est la cause d'un pareil effet, et comment se nomme-t-elle ?

R. La végétation.

D. Pouvez-vous expliquer la végétation ?

R. Non.

D. Que faut-il y voir ?

R. Une preuve de la toute-puissance et de la bonté de Dieu.

D. Peut-on la suivre dans sa marche, observer ses développements et calculer sa durée ?

R. Oui.

D. Cela suffit-il ?

R. Oui.

D. La végétation se manifeste-t-elle toujours de la même manière et a-t-elle partout une marche uniforme ?

R. Non.

D. Quelles sont les principales circonstances qui peuvent influer sur elle ?

R. La nature du sol, la température, l'état de l'atmosphère et le mode de culture.

CHAPITRE III.

De la nature du Sol.

D. Le sol est-il partout de la même nature?

R. Non.

D. Il est donc un composé de parties distinctes mêlées entre elles dans des proportions différentes?

R. Oui.

D. Faut-il connaître la composition de chacune de ces parties, et la proportion qui existe entr'elles?

R. Cela n'est pas indispensable.

D. Comment alors cultiver une terre dont on ne connaît pas la composition?

R. On peut remplacer cette connaissance par l'observation attentive des signes extérieurs qui caractérisent chaque espèce de terrain, et surtout des plantes qu'il produit le mieux.

D. Toutes les plantes ne croissent donc pas indistinctement dans tous les terrains ?

R. Non.

D. Quelles sont les dénominations par lesquelles on désigne les différentes espèces de terrain ?

R. Les terrains riches dits *chambons*, ou terres d'alluvion ; les terrains forts ou argileux ; les terrains légers ou siliceux ; les terrains argilo-siliceux qui sont un mélange des deux derniers.

D. Faut-il avoir observé le sol que l'on veut cultiver ?

R. Oui.

D. Pourquoi ?

R. Parce que ce serait perdre son

temps, sa peine et son argent, que de vouloir faire produire à une terre ce qu'elle n'a pas la faculté de produire.

D. Certaines substances dont la terre peut être composée, sont donc favorables ou contraires à la végétation de certaines plantes ?

R. Oui.

D. Quand on a reconnu cela, que faut-il faire ?

R. Cultiver de préférence la plante qui convient au terrain, ou bien, si on le peut, changer celui-ci en lui donnant les qualités qui lui manquent.

CHAPITRE IV.

De la Température.

D. Qu'est-ce que la température ?

R. C'est le degré de chaleur ou de

froid, de sécheresse ou d'humidité qui existe dans l'air.

D. En quoi la température peut-elle influer sur la végétation ?

R. Les plantes sorties de la terre, qui y tiennent par leurs racines, semblent y puiser leur nourriture et tout devoir au sol. Il n'est pas moins vrai que, par leurs tiges et leurs feuilles, elles vivent de l'air qui les environne, et que, comme le sol, cet air leur convient ou ne leur convient pas.

D. N'est-ce pas par cette raison que chaque climat a des plantes qui lui sont propres ?

R. Oui.

D. Savez-vous ce que c'est qu'un climat ?

R. C'est la température régnant le plus habituellement dans un pays ; c'est pour cela que l'on dit : les pays chauds, froids, secs ou humides.

CHAPITRE V.

De l'Atmosphère.

D. Qu'est-ce que l'atmosphère ?

R. C'est la couche d'air qui enveloppe toute la terre à une très-grande élévation.

D. Comment la végétation peut-elle dépendre de ce qui se passe dans cette couche d'air, et comment pouvez-vous l'expliquer ?

R. On n'a pas besoin de savoir ce qui se passe dans les espaces sans bornes qu'on nomme le ciel, où flottent les nuages, où nous entendons gronder le tonnerre, d'où tombe la pluie, la neige et la grêle, pour constater les effets que l'état de l'atmosphère peut produire sur la végétation.

D. Ces effets sont-ils toujours désastreux ?

R Non, souvent même ils sont utiles.

D. Peuvent-ils être prévenus ou empêchés ?

R. Non.

D. Peuvent-ils être prévus ?

R. Oui, dans une certaine mesure.

D. Peuvent-ils être atténués ou réparés ?

R. Oui.

D. Quels sentiments doivent-ils inspirer ?

R. La confiance et la soumission à la volonté de Dieu qui les dirige.

CHAPITRE VI.

De la Culture et Préparation du Sol.

D. Avant de semer, faut-il cultiver et préparer la terre à recevoir la semence?

R. Oui.

D. Pourquoi ?

R. Parce que la végétation de la semence n'aurait pas lieu, ou n'aurait lieu qu'imparfaitement, si elle n'était pas placée dans les conditions qui lui sont nécessaires.

D. En quoi consistent ces travaux préparatoires ?

R. Dans l'ameublissement de la terre, ou sa division aussi complète que possible.

D. Comment s'opère-t-elle ?

R. Par le défoncement et les labours.

D. Qu'est-ce que le défoncement ?

R. C'est l'opération par laquelle la couche de terre servant à la nutrition des plantes est soulevée et divisée à une profondeur convenable. On la nomme couche arable.

D. Quelle est cette profondeur ?

R. Elle varie suivant la nature du sol et l'espèce des plantes que l'on veut cultiver ; elle est d'autant meilleure qu'elle est plus considérable.

D. Quel est son effet ?

R. D'empêcher l'humidité ou la sécheresse de nuire aux plantes.

D. Comment cela ?

R. La couche de terre ameublie dans laquelle les plantes doivent vivre étant plus épaisse, elle conserve mieux sa fraîcheur, absorbe mieux les eaux de la pluie qui, n'étant pas retenues à la surface, ne nuisent pas aux plantes mais leur profitent.

D. En quoi consistent les labours ?

R. Dans la préparation de la superficie de la terre.

D. Quelles sont les qualités d'un bon défoncement et d'un bon labour ?

R. Ils doivent être réguliers, donner aux champs une surface unie, diviser les mottes et gazons, détruire les mauvaises herbes.

D. Les défoncements et labours doivent-ils s'exécuter par tous les temps ?

R. Non; une trop grande sécheresse ou une trop grande humidité peut les rendre impossibles ou ne pas leur faire produire l'effet qu'on en attend.

D. Comment s'opèrent les défoncements, les labours et cultures superficielles du sol ?

R. Par la main de l'homme et les instruments qu'elle peut mouvoir, tels que le pic, la bêche, la pioche.

D. Ces instruments suffisent-ils ?

R. Ces instruments dont l'emploi produit certainement un travail plus parfait, ne peuvent convenir que pour une culture très-restreinte ; il est nécessaire d'avoir recours à ceux qui donnent la force des animaux de trait, sans lesquels la terre ne serait qu'en partie cultivée.

D. Avec quels instruments opère-t-on les défoncements et les labours ?

R. Pour les défoncements, avec une charrue à versoir d'une forte dimension, dite défonceuse, ou avec une charrue sous-sol, dite fouilleuse, suivant que l'on veut ou que l'on ne veut pas ramener à la surface la couche inférieure. Pour les labours ordinaires ou superficiels, avec une charrue de moindre dimension, avec la herse, le rouleau. Tous ces instruments dont la force doit être en rapport avec la nature du sol, sont le plus ordinairement employés pour ameublir la couche supérieure et la diviser de manière à ce que la semence qu'on y dépose puisse facilement germer d'abord, puis sortir de terre.

D. Un champ ne demande-t-il pas d'autres préparations générales ?

R. Oui, il est souvent nécessaire de le niveler en transportant la terre des points trop élevés sur ceux qui sont trop bas; dans tous les cas, on doit toujours assurer le libre écoulement des eaux qui ne doivent jamais y séjourner.

CHAPITRE VII.

Des Engrais et Amendements.

D. Lorsqu'une terre a été préparée ainsi qu'il a été dit dans le chapitre précédent, cela suffit-il pour que l'on puisse la semer ?

R. Non.

D. Que faut-il encore ?

R. L'amender et la fumer.

D. Qu'est-ce qu'amender une terre ?

R. C'est y incorporer les substances qui manquent à sa composition pour qu'elle soit une bonne terre végétale.

D. Rendez cette explication sensible par des exemples ?

R. Une terre est dépourvue du principe calcaire reconnu comme très favorable à la végétation; ou purement argileuse; ou extrêmement légère et siliceuse. Dans le premier cas, y répandre de la chaux ou des substances analogues; dans les deux autres, mélanger, en les y transportant, l'argile avec la silice, la silice avec l'argile, c'est amender un champ, c'est le rendre propre à produire ce qu'il ne produisait pas auparavant.

D. L'amendement suffit-il pour rendre la terre fertile ?

R. Non, il faut encore la fumer

D. Qu'est-ce que le fumier ou l'engrais ?

R. C'est toute substance qui contient en elle les principes dont les plantes se nourrissent et qu'elles s'approprient pour croître et se développer.

D. Ces principes ne sont-ils pas, en général, contenus dans la terre ?

R. Oui, mais ils sont répartis d'une manière inégale et souvent insuffisante.

D. Pourquoi en ajouter sans cesse de nouveaux ?

R. Parce qu'il faut donner à la terre ceux qui lui manquent ou qu'elle a en trop petite quantité, et que d'ailleurs les plantes s'en emparant, ils diminuent sans cesse : ce qui fait dire que la terre s'appauvrit par la culture si on ne lui rend pas ce que la végétation lui enlève.

D. Quelle est donc la différence entre l'amendement et l'engrais ?

R. L'amendement est ce qui dispose la terre à être fertile ; l'engrais est ce qui la rend fertile : leur action combinée produit un résultat complet ; si elle est isolée, elle est souvent nulle ;

c'est leur réunion qui constitue une bonne culture.

CHAPITRE VIII.

De la Semence.

D. La terre préparée, amendée et fumée, que reste-t-il à faire pour obtenir une récolte ?

R. Y répandre la semence.

D. Quelles règles faut-il observer pour cette opération ?

R. Le choix de la semence, l'époque et la manière dont elle doit être répandue sont l'objet de ces règles.

D. En quoi consiste le choix de la semence ?

R. D'abord dans celui de son espèce, afin de ne confier à un champ que celle qui y réussit le mieux. Puis dans l'examen attentif de la semence; il faut qu'elle soit pure, c'est-à-dire qu'elle provienne de l'espèce franche que l'on veut reproduire, et qu'elle soit exempte de tout mélange de graines étrangères ou nuisibles.

D. Les plantes peuvent donc subir une altération dans leur espèce ?

R. Oui, cette altération se transmet, leur fait perdre les qualités qui les rendent utiles à l'homme, et les ramène promptement à cet état de plantes sauvages auxquelles la culture a précisément pour objet de substituer des plantes améliorées.

D. Peut-on semer à toutes les époques de l'année et par tous les temps ?

R. Non; l'observation, indépendamment de toutes notions scientifiques, a fait connaître les époques périodiques où chaque année la végétation agit sur chaque plante ; il faut s'y conformer.

D. Dépend-il du cultivateur, une fois la semence jetée, de la faire réussir ?

R. Oui, s'il prend tous les soins nécessaires à sa conservation et à son développement.

D. En quoi consistent ces soins ?

R. Dans une culture fréquente donnée à la superficie du sol pour les plantes qui peuvent la recevoir, afin de détruire les mauvaises herbes nuisibles à leur croissance, parce qu'elles absorbent la fertilité de la terre à leur détriment.

D. Avec tous ces soins, le succès est-il assuré ?

R. Non, mais le cultivateur a accompli son œuvre ; là commence celle de la toute-puissance et de la bonté divines auxquelles il doit se confier ; car s'il a bien préparé son champ, il s'est donné la chance d'une bonne récolte ; Dieu le récompensera de son travail, c'est le fond qui manque le moins.

CHAPITRE IX.

De l'Alternance ou Succession des Récoltes

D. Peut-on indéfiniment demander à un champ la même récolte ?

R. Non.

D. Pourquoi ?

R. Parce que chaque plante a une constitution qui lui est propre et qui diffère de celle des autres, soit par les éléments qui la composent, soit par la manière dont ils sont combinés ; or, toute plante puisant dans la terre une partie de sa nourriture, absorbe les principes qui conviennent à sa nature et laisse ceux dont elle n'a pas besoin; d'où il résulte que la culture d'une plante, perpétuée sur le même champ, a pour effet inévitable d'épuiser ce qui sert principalement à sa nutrition, d'amener sa dégénérescence, et de ne pas utiliser les principes qui conviendraient à d'autres plantes.

D. Cette succession de diverses récoltes est-elle une règle de bonne culture ?

R. Oui.

D. Comment se nomme-t-elle ?

R. Assolement.

D. L'assolement est-il partout et toujours le même ?

R. Non, l'alternance est le principe ; son application peut varier, elle doit être calculée d'après la nature du sol, le climat, la position de l'exploitation, les besoins et les ressources du cultivateur.

Cependant une règle la domine, c'est qu'autant que possible l'alternance doit être maintenue entre les plantes qui diffèrent entre elles, et qu'une classification générale divise en céréales et légumineuses.

CHAPITRE X.

Du Bétail.

D. Les travaux qui viennent d'être expliqués et l'emploi des instruments qui servent à les exécuter exigent une force ; les bras de l'homme pourraient-ils la fournir ?

R. Non.

D. A qui l'a-t-il demandée ?

R. Aux animaux que Dieu a placés sous son empire.

D. L'utilité de ces animaux se borne-t-elle à le seconder dans ses travaux ?

R. Non.

D. A quoi lui servent-ils encore ?

R. Indépendamment du travail qu'il en obtient et de l'engrais qu'ils lui fournissent, le cultivateur leur doit la chair et le lait dont il se nourrit ; il trouve encore dans leur dépouille de quoi se vêtir et de quoi satisfaire beaucoup d'autres de ses besoins.

D. Comment se nomme l'ensemble des animaux que l'homme a associés à sa vie rurale ?

R. Le bétail.

D. Est-il indispensable à l'agriculture ?

R. Oui, il en fait une partie essentielle, et celle-ci doit être dirigée de manière à pourvoir à son parfait entretien et à sa multiplication.

D. La richesse d'une exploitation dépend donc du nombre et de la bonté du bétail qu'elle possède ?

R. Oui.

D. Les animaux qui le composent ne pouvant avoir la même destination, comment peut-on les diviser ?

R. En animaux de trait ou de travail, employés plus spécialement à la culture, et en animaux de rentes, autrement dits de basse-cour, dont le croît ou multiplication, le lait, la dépouille, donnent directement des produits variés destinés à la consommation.

D. Désignez les animaux les plus généralement en usage et les plus utiles ?

R. Pour le travail : les chevaux et les bœufs ; pour la rente : les vaches, les moutons, les porcs et les différentes espèces de volailles.

D. N'est-il pas un avantage commun à tout le bétail considéré dans son ensemble ?

R. Oui.

D. Quel est-il ?

R. La production du fumier ou de l'engrais.

D. Quelle en est l'importance ?

R. D'elle dépend la prospérité de l'exploitation.

D. Le bétail doit donc être de la part du cultivateur l'objet de soins particuliers et assidus ?

R. Oui.

D. Indiquez généralement en quoi ces soins doivent consister ?

R. Dans une alimentation abondante, dans un régime rationnel, qui prévienne les causes de leur destruction, dans un travail qui n'excède jamais leurs forces et n'aille pas jusqu'à leur épuisement ; enfin, dans la douceur de l'empire qu'on exerce sur eux.

L'intérêt du cultivateur doit lui faire adopter ces règles de conduite envers les animaux.

CHAPITRE XI.

De la garde des Bestiaux dans les champs, ou du Pâturage.

D. Le pâturage n'est-il pas l'une des principales ressources pour l'alimentation du bétail proprement dit et de tous les animaux entretenus dans une exploitation rurale ?

R. Oui, c'est la première offerte par la nature.

D. Où et comment se pratique le pâturage ?

R. Sur tous les espaces de terrain qui lui sont spécialement affectés, et où les animaux peuvent trouver leur nourriture.

D. Quels soins exigent-ils de la part des bergers préposés à la garde des troupeaux ?

R. Une grande vigilance, une attention continue à ce que les animaux prennent eux-mêmes dans les champs l'aliment qui leur convient, et cela sans causer aux récoltes aucun dégât.

D. La garde des bestiaux est ordinairement confiée aux enfants, parce que ce travail peu pénible en lui-même est en rapport avec leurs forces ; c'est par là qu'ils débutent dans la vie agricole, que doivent-ils se persuader lorsqu'ils y sont employés ?

R. Qu'ils ont entre leurs mains la principale richesse de leurs parents ou de leurs maîtres, auxquels leur négligence peut causer les plus grands préjudices, soit que les animaux confiés à leur garde n'utilisent pas le temps qu'ils passent dans les champs, soit que n'étant pas surveillés ils ravagent les récoltes destinées à être recueillies et sur lesquelles on les laisserait pénétrer.

D. Que doit donc faire le berger pour atteindre ce but ?

R. Ne jamais perdre son troupeau de vue, le tenir rassemblé, connaître les limites qu'il ne doit pas franchir, respecter les clôtures qui les lui indiquent et qui marquent la séparation des héritages; ne pas commettre lui-même des dégâts et ne pas se livrer à des déprédations auxquelles il est enclin par son âge; il n'en sent pas les conséquences qui sont cependant très graves et engagent toujours la responsabilité du maître du troupeau

D. La tâche du berger ne lui est-elle pas singulièrement facilitée par le concours d'un animal utile?

R. Oui, le chien, cet ami, ce compagnon fidèle de l'homme, rend surtout au cultivateur les plus grands services et doit être de sa part l'objet d'une attention et de soins particuliers. Son instinct en fait un gardien vigilant à l'intérieur de la ferme, au dehors un surveillant actif des troupeaux.

Mais cet instinct souvent est mal dirigé, c'est le berger qui gâte le chien, soit qu'il le maltraite sans raison, soit qu'il l'excite hors de propos jusqu'à le rendre dangereux. Il se prive ainsi d'un précieux auxiliaire qui, s'il savait s'en servir, lui épargnerait fatigues et reproches.

CHAPITRE XII.

De la levée des récoltes.

D. Lorsque toutes les phases de la végétation des plantes à cultiver sont accomplies, que reste-t-il à faire au cultivateur ?

R. Recueillir le fruit de ses travaux.

D. Cette opération, tout agréable qu'elle est, n'étant pas exempte de difficultés et de peines, ne demande-t-elle pas de grands soins ?

R. Oui.

D. Dites les principales choses à observer ?

R. Il faut bien s'assurer de la maturité de la récolte à recueillir ; une trop grande précipitation et un trop long retard sont préjudiciables au produit ; la quantité et la qualité ne lui sont pas acquises dans le premier cas, elles sont souvent atténuées dans le second.

D. Que doit-on surtout éviter ?

R. Les déperditions qui résultent, à la moisson, à la fauchaison et au battage, de l'emploi d'un trop petit nombre d'ouvriers ou de mauvais ouvriers, d'instruments défectueux et de la lenteur à mettre les récoltes à l'abri des intempéries.

D. Ces déperditions sont-elles considérables ?

R. Plus qu'on ne le pense, et quoiqu'elles ne puissent être appréciées d'une manière précise, elle ne sont pas moins la perte, sans motif, d'une partie des travaux de l'année.

D. Mais ne profite-t-elle pas soit à ceux qui glanent après les récoltes, soit aux animaux de l'exploitation qui les recherchent et s'en nourrissent ?

R. Cette considération serait un maumais calcul, et ne doit jamais faire relâcher le cultivateur de la surveillance à apporter à la levée de ses récoltes. S'il les obtient plus abondantes, il est libre d'en faire un emploi charitable ou utile, du moins il le connaît et le dirige.

CHAPITRE XIII

Des instruments aratoires.

D. Quelles sont les qualités que le cultivateur doit rechercher dans les instruments aratoires dont il se sert ?

R. Avant tout, une construction telle qu'ils accomplissent d'une manière satisfaisante l'opération à laquelle ils sont destinés, sans exiger l'emploi d'une force trop considérable, et qui par conséquent serait perdue.

D. Cette condition première est-elle due à la complication de l'instrument ?

R. Elle résulte plutôt de la simplicité de celui-ci, qui est en même temps une cause de solidité.

D. Quel avantage y a-t-il à se servir d'instruments construits d'après ces principes ?

R. Ils occasionnent moins de dépenses, soit pour leur achat, soit pour leur entretien. Ils n'exposent pas à une suspension subite de travail par leur dérangement, parce que, étant compris par le cultivateur, il peut lui-même en réparer les légères avaries, et que, pour les autres, il a toujours à sa portée des ouvriers pouvant le faire.

D. Il semble résulter de ce que vous venez de dire, que l'on devrait s'en tenir aux instruments dont l'usage est connu depuis longtemps ?

R. Non, le cultivateur doit au contraire chercher toutes les occasions de connaître les perfectionnements que l'expérience a apportés au matériel agricole, et s'empresser de les introduire dans le sien lorsqu'ils ont été éprouvés.

D. Doit-il veiller à la conservation et à l'entretien de ce matériel ?

R. Sans aucun doute, et pour cela il doit pourvoir aux plus petites réparations dès qu'il s'aperçoit qu'elles sont nécessaires ; c'est le moyen d'en prévenir de plus considérables, et souvent même la perte des instruments. Il doit éviter leur abandon trop prolongé dans les champs où ils se détériorent ; il doit les tenir dans un local clos et couvert, surtout ses outils de mains qui sont si sujets à s'égarer ; il évite par là le temps perdu à leur recherche lorsque le moment de s'en servir se présente ; enfin, il doit toujours se rendre compte de leur état, et aviser au moyen de se procurer ceux qui lui manquent.

CHAPITRE XIV.

Des Bâtiments ruraux.

D. Les bâtiments ruraux intéressent-ils l'agriculture ?

R. Oui, d'une manière très-directe.

D. Pourquoi ?

R. Parce que, servant à l'habitation du cultivateur, au logement des animaux, et mettant les récoltes à l'abri des causes de destruction, par leur construction et bonne distribution, ils contribuent essentiellement à la santé des uns et à la conservation des autres.

D. Dans quelles conditions doivent-ils être établis ?

R. 1° Ils doivent être établis simplement mais solidement, sur un sol élevé, exempt d'humidité, et tournés à une bonne exposition ;

2° Être suffisamment spacieux pour leur destination ;

3° L'élévation des planchers doit être telle que le volume d'air contenu dans chaque pièce, appartement ou écurie, facilement renouvelé, soit en rapport avec le nombre de personnes ou d'animaux que chaque pièce doit recevoir ;

4° La lumière doit y pénétrer en abondance, et il ne faut pas, sous prétexte d'y maintenir la chaleur, diminuer les ouvertures, qui doivent être pourvues de fermetures exactes contre le froid ;

5° La distribution doit en être calculée de manière à rendre le service plus prompt, plus commode et moins pénible, ce qui constitue une économie de temps et d'argent ;

6° L'accès doit en être facile et maintenu dans un grand état de propreté, autant à l'extérieur qu'à l'intérieur ;

7° Toute cause d'insalubrité doit en être soigneusement écartée.

D. Toutes ces conditions qui peuvent se trouver réunies dans une construction nouvelle, ne se rencontrant pas dans les anciennes, faudrait-il donc détruire celles-ci ?

R. Non, mais il faut chercher à les y ramener par toutes les réparations et changements que l'on est dans le cas d'y faire.

D. Ce qui a été dit de l'entretien du matériel s'applique-t-il à celui des bâtiments ?

R. Oui, à plus forte raison, parce que le défaut de cet entretien a des conséséquences encore plus graves.

CHAPITRE XV.

De la nature du Travail agricole.

D. Que doit être le travail agricole ?

R. Un travail quotidien, sans cesse

renaissant, qui demande autant de courage que de persévérance.

D. Quel est le principal élément de succès ?

R. Un rigoureux emploi du temps.

D. Peut-il être réglé ?

R. Oui, malgré la diversité des travaux auxquels il est consacré, il peut être dirigé de manière à ce qu'il n'y ait jamais de temps perdu.

D. Le temps est donc bien précieux en agriculture ?

R. Oui, parce que le cultivateur n'étant pas maître d'en disposer d'une manière conforme aux travaux qu'il se propose d'exécuter, il est obligé de se plier aux circonstances qui le commandent plutôt qu'il ne les dirige, et que ce qu'il a perdu l'occasion de faire à un moment donné, souvent à son grand regret, lui devient plus tard impossible.

D. Quel est donc le moyen de régler un travail que tant de causes peuvent déranger, retarder ou modifier ?

R. La diversité même de ce travail le fournit. A celui qui ne peut s'exécuter utilement, on peut toujours en substituer un autre auquel on serait ensuite obligé de consacrer un temps qui conviendrait au premier.

D. Le cultivateur ne connaît donc ni repos ni trêve à ses labeurs ?

R. Non, mais il est soutenu par le sentiment de son utilité et aiguillonné par son propre intérêt qui ressortira toujours du bon emploi du temps.

CHAPITRE XVI

Du Cultivateur et des soins qui concernent sa personne.

D. L'homme qui s'adonne à la culture, en étant l'agent essentiel, ne doit-il pas s'occuper de la conservation de ses forces et de sa santé?

R. Oui.

D. Par quels moyens?

R. Par ceux qui peuvent contribuer à les maintenir.

D. En quoi consistent-ils?

R. Dans sa nourriture, dans sa manière de se vêtir et dans son logement. Sa nourriture doit être saine et la plus substantielle dont il lui sera permis d'user; ses vêtements doivent le défendre contre les variations de la température;

son logement, le mettre à l'abri de la rigueur des saisons, tout en conservant autour de lui la circulation d'un air pur.

D. Mais il est souvent impossible d'environner le cultivateur des soins que vous venez d'indiquer ?

R. Il est vrai que l'état de gêne dans lequel il est ordinairement ne lui permet pas de suivre un régime rationnel et convenable ; mais, quelque chétives que soient ses ressources, il peut en user avec plus ou moins de discernement et éviter ce qu'il sait lui être nuisible.

Il peut entretenir autour de lui et sur sa personne la propreté, cette gardienne gratuite de la santé ; surtout il ne doit jamais s'écarter des lois de la sobriété, qu'il est d'autant plus tenté d'enfreindre, qu'il croit trouver dans un excès passager le dédommagement de ses privations journalières, tandis qu'il y trouve la cause la plus ordinaire de ses maladies et l'augmentation de sa gêne habituelle.

D. Lorsque le cultivateur est atteint par la maladie, que doit-il faire?

R. Recourir d'abord aux précautions usuelles qui peuvent tempérer le mal, telles que cessation de travail, réduction de nourriture, et, si des médicaments deviennent nécessaires, n'employer que ceux qui sont prescrits par un médecin.

CHAPITRE XVII.

Des Règles générales de la Conduite du Cultivateur.

D. Quel but doit se proposer le cultivateur?

R. Obtenir de la terre tout ce qu'elle peut produire.

D. Que doit-il faire pour cela ?

R. Être économe, prévoyant et religieux.

D. En quoi consiste l'économie pour le cultivateur ?

R. A éviter toute dépense improductive et à faire sans hésiter toutes celles qui sont profitables.

D. Et la prévoyance ?

R. A calculer ses besoins, à diriger l'emploi de son temps de manière à ce qu'il suffise à tous ses travaux, à pouvoir toujours se rendre compte de sa situation.

D. Tout cultivateur le peut-il ?

R. Oui.

D. Pourquoi le cultivateur doit-il être religieux ?

R. Parce que les peines et les fatigues de sa vie lui deviennent plus légères lorsqu'il y voit un devoir à remplir, lequel sera suivi d'une récompense; parce qu'il surmonte plus facilement le découragement auquel le porteraient les nombreux mécomptes qu'il éprouve; parce qu'il n'est pas tourmenté du désir de changer de profession et résiste aux séductions trompeuses d'une existence moins pénible.

D. A quoi doit-il employer les jours de repos que la loi divine lui prescrit de prendre?

R. A s'occuper de lui-même et de ses intérêts moraux et religieux.

D. Par quoi doit se faire remarquer le cultivateur dans ses rapports avec ses semblables?

R. Par sa probité, sa bonne foi et un

grand respect pour la propriété d'autrui, égal à l'attachement qu'il a pour la sienne.

D. Quel rang lui assigne dans la société une conduite dirigée par ces règles?

R. Incontestablement l'un des premiers.

D. Comment, il serait l'égal de ceux que leurs études, leurs talents, leurs fonctions placent plus en évidence que lui?

R. Sans aucun doute.

D. Doit-il en concevoir de l'orgueil?

R. Non; il ne se place si haut dans l'opinion, que s'il reconnaît ce qu'il doit à ceux qui, comme lui, paient leur dette à la société en lui consacrant leur sang, leur savoir et leur intelligence.

FIN DE LA PREMIÈRE PARTIE.

CATÉCHISME AGRICOLE.

2e Partie.

CHAPITRE Ier.

Des Céréales en général.

D. Quel est le principal objet de la culture de la terre?

R. Ce sont les céréales.

D. Qu'entendez-vous par céréales?

R. Ce sont les plantes dont le fruit, désigné le plus ordinairement sous le nom de grain, peut être réduit en farine et converti en pain, qui, dans tous les temps, dans tous les lieux, a fait la base de la nourriture de l'homme, et dont le nom signifie cette conservation de la vie que Dieu nous prescrit de lui demander chaque jour dans la prière qu'il a lui-même enseignée : « *Donnez-nous aujourd'hui notre pain quotidien.* »

D. Pourrait-on se borner à la culture des céréales ?

R. Non.

D. Pourquoi ?

R. Parce que si elles occupent le premier rang, elles ne peuvent cependant satisfaire tous nos besoins. Le pain n'est pas la seule nourriture de l'homme, dont la constitution physique exige des aliments variés. Dieu lui a donné la terre non-seulement pour se nourrir, mais aussi pour se vêtir, car il l'a mis nu en ce monde ; pour se défendre contre toutes les causes de destruction, et c'est par l'agriculture qu'il pourvoit à sa conservation, puisqu'il en tire tout ce qui peut l'assurer.

D. Il faut donc attacher beaucoup d'importance à la culture des céréales et lui porter en quelque sorte un grand respect ?

R. Le paganisme l'avait divinisée en en faisant le nom d'une déesse ; le Christianisme l'élève encore plus haut en en faisant l'accomplissement d'un précepte divin.

CHAPITRE II.

Des différentes espèces de Céréales.

D. Y a-t-il plusieurs espèces de céréales ?

R. Oui.

D. Désignez celles qui sont les plus communes et les plus en usage ?

R. Le froment, le seigle, le méteil, l'avoine, l'orge, le maïs, le sarrazin, le riz.

D. Sont-elles toutes d'une égale valeur au point de vue de la nourriture ?

R. Non.

D. Comment se détermine cette valeur ?

R. Par la quantité et la qualité des parties nutritives que chacune contient.

D. A-t-on pu reconnaître cette quantité et cette qualité ?

R. Oui, par des procédés qui sont du domaine de la science, et qui ont assigné au froment le premier rang parmi les céréales ; l'expérience le lui avait d'ailleurs de tout temps accordé.

D. Pourquoi alors ne pas le cultiver exclusivement ?

R. C'est une raison d'en étendre le

plus possible la culture ; mais tous les terrains ne lui convenant pas, c'est par une sage disposition de la Providence que la variété des céréales correspond à la diversité des sols et des climats : toutes ayant leur degré d'utilité et un emploi distinct, il convient de n'en négliger aucune.

D. A quoi est employé le seigle ?

R. Le plus ordinairement à la fabrication du pain d'une moindre valeur que celui de froment.

D. Qu'est-ce que le méteil ?

R. C'est le froment et le seigle semés ensemble sur un même champ ; moissonnés en même temps, ces deux grains forment un mélange destiné à la consommation.

D. Quel est le motif de cette pratique ?

R. Quoiqu'elle ne soit pas généralement adoptée, elle est assez répandue pour mériter d'être indiquée. Les conditions de réussite de ces deux céréales n'étant pas les mêmes, on a pensé pouvoir compenser le manque de l'une par l'abondance de l'autre, et obtenir ainsi une bonne moyenne; mais il vaudrait mieux les cultiver séparément en les mettant chacune dans les conditions qui leur conviennent le mieux.

D. Qu'est-ce que l'avoine ?

R. C'est une céréale plus particulièrement destinée à la nourriture des animaux.

D. Et l'orge ?

R. Ce grain a la même destination ; il entre aussi dans la fabrication du pain, et sert surtout à la fabrication d'une boisson qu'on nomme bière.

D. Indiquez-nous l'usage du maïs et du sarrazin?

R. Ces deux céréales appartiennent spécialement à certains climats hors desquels elles peuvent cependant se cultiver; leur utilité se rapporte, dans un grand nombre de pays, plus à la nourriture des animaux qu'à celle de l'homme, et dans d'autres elles constituent la plus grande partie de cette dernière.

D. Que savez-vous sur le riz?

R. Que cette céréale précieuse, dont la culture se fait dans des conditions qui n'appartiennent qu'aux pays chauds et abondamment pourvus de moyens d'irrigation, pour lesquels elle est une ressource alimentaire presque unique, est, à raison de la facilité avec laquelle elle se transporte et se conserve, devenue d'un usage très répandu dans les contrées qui ne la produisent pas.

D. Quels sont les terrains qui conviennent à ces diverses espèces de céréales ?

R. Au froment, à l'avoine, au maïs, les terrains forts et riches ; au seigle, à l'orge, au sarrazin, les terrains plus légers.

CHAPITRE III.

De la Culture des Céréales.

D. En quoi consiste la culture des céréales ?

R. Elle consiste en des labours préparatoires pratiqués sur un bon défoncement et alternés avec des façons de herse et de rouleau, afin que le terrain soit parfaitement divisé et ameubli à une profondeur d'au moins vingt centimètres, nettoyé de toutes les plantes parasites qui s'y seraient développées; ces travaux doivent se succéder, mais être séparés par un intervalle suffisant qui leur permette d'avoir produit leur effet; ils doivent être exécutés le plus possible en temps sec. Le nombre n'en est pas déterminé, il dépend des circonstances qui peuvent les exiger plus fréquents, telles que des pluies persévérantes, des orages violents.

D. Les terres étant préparées, que faut-il faire?

R. S'occuper de les ensemencer.

D. A quelle époque se fait cette opération?

R. Pour les céréales d'hiver du 20

septembre au 20 novembre, pour celles du printemps, du 1er mars au 15 avril.

D. Comment se fait-elle?

R. On commence par bien choisir sa semence, par en enlever toute graine étrangère, et lui faire subir, dans certains cas, une préparation qui en hâte la germination, et on la répand à la main sur la surface aplanie du champ en telle quantité que la nature et l'état du terrain le comporte; puis elle est enfouie avec l'araire, ce qui s'appelle semer sous raie, ou simplement recouverte par deux passages de la herse, l'un en long, l'autre en travers. Il peut être utile de passer le rouleau.

D. N'y a-t-il pas une autre manière de semer?

R. La main de l'homme a été remplacée par un instrument dit semoir, dont le mécanisme est fort ingénieux et très-varié. L'avantage de cette méthode est d'économiser la semence, de la répandre parfaitement en ligne, en sorte que la récolte peut être sarclée à l'aide d'un autre instrument, mais tous les semoirs demandent un terrain très-uni sur lequel ils puissent fonctionner régulièrement.

D. La semence jetée, comment dispose-t-on la terre ?

R. Il faut la diviser en billons d'une plus ou moins grande largeur, depuis un mètre jusqu'à quinze mètres, séparés les uns des autres par une raie d'écoulement, dans le sens de la pente, d'où il résulte que plus une terre est humide ou privée d'une pente assez prononcée, plus les billons doivent être étroits ; cette disposition a l'inconvénient de faire perdre beaucoup de terrain. A mesure que par les défoncements la couche arable sera épaissie, elle deviendra moins nécessaire. On doit aussi avoir la précaution de traverser toutes les dépressions du champ où l'eau pourrait séjourner, par une raie qui leur donne passage vers un point de décharge.

D. Les céréales confiées à la terre, comme vous venez de le dire, réclament-elles d'autres soins jusqu'au moment de leur maturité?

R. Il est presque toujours utile, au printemps, de les herser ou de les rouler, lorsque par les gelées de l'hiver le terrain a été soulevé ou a acquis une trop grande cohésion par suite de l'humidité. Il ne faut pas que la détérioration que cette opération paraît faire subir aux plantes dont elle arrache nécessairement quelques-unes, en détourne le cultivateur ; elle est au contraire toujours utile aux autres, parce qu'elle en favorise le développement.

CHAPITRE IV.

De la Moisson.

D. Quelle est la première chose à observer avant de moissonner?

R. C'est de s'assurer si la récolte a atteint le degré de maturité qu'elle doit avoir ou si elle ne l'a pas dépassé.

D. Pourquoi cela?

R. Parce que, cueilli avant sa maturité, tout grain se flétrit; n'ayant pas acquis toute sa qualité il diminue de poids et de volume. Cueilli après sa maturité, il perd la couleur qui en favorise la vente, il s'égraine, son enveloppe extérieure s'épaissit aux dépens de ses parties utiles. Les grains destinés aux semences peuvent seuls être récoltés plutôt après qu'avant la maturité.

D. Mais si toutes les récoltes parviennent à ce point désirable à peu près en même temps, elles ne peuvent cependant pas être coupées toutes à la fois ?

R. Comme elles ne sont pas toutes semées le même jour, cette différence se reproduit dans leur maturité; la nature du sol contribue aussi à la retarder ou à la presser; en sorte que le discernement du cultivateur trouve toujours lieu de s'exercer d'une manière utile dans le choix du moment opportun de la moisson, et il ne doit pas négliger d'en faire usage.

D. Comment doit se faire la moisson ?

R. Le plus rapidement possible.

D. Avec quels instruments ?

R. On emploie les faucilles de différentes formes, la faulx et les machines à moissonner mises en mouvement par des chevaux.

D. Quel est le moyen préférable?

R. On peut dire que cela est relatif à la situation du cultivateur, à l'importance de la récolte, à l'état où elle se trouve sur pied, à la disposition de la superficie du sol, qui ne peut pas permettre indistinctement l'emploi de tous les instruments. L'essentiel est que la récolte soit exactement ramassée, qu'il en reste le moins possible sur le champ, pailles et grains.

D. Cependant n'existe-t-il pas une différence entre les trois instruments que vous venez d'indiquer ?

R. La faucille opère plus lentement, fatigue l'ouvrier ; mais s'il est habile, il fait un bon travail, et ni l'état de la récolte sur pied, ni les inégalités de terrain ne sont pour lui des obstacles qu'il ne puisse surmonter. La faulx est plus expéditive, mais elle n'opère bien que sur des billons d'une largeur suffisante. La machine à moissonner doit aux combinaisons mécaniques qui entrent dans sa construction une force et une rapidité que les bras de l'homme ne peuvent égaler, mais elle doit agir sur de grandes surfaces bien nivelées. Avec la faulx et la moissonneuse, l'égrainage est plus à craindre.

D. La récolte coupée, que faut-il faire ?

R. La lier en gerbes, réunir ces gerbes en tas qui, suivant les pays, prennent différentes dénominations, et les disposer de manière à ce que la pluie ne les pénètre pas et que la dessication s'achève, puis en former des meules plus ou moins fortes, jusqu'au moment où elles seront battues.

CHAPITRE V.

Des Battues.

D. Comment s'opère le battage des grains ?

R. Beaucoup de moyens ont été employés pour cela : les rouleaux en pierre, le piétinement des chevaux, le fléau et enfin les machines à battre, mues par la vapeur ou par des bêtes de trait.

D. Quel est le meilleur de ces procédés ?

R. Il est à désirer que la machine à battre les remplace tous.

D. Quels sont les avantages de celle-ci ?

R. Une plus grande célérité dans le travail qui met à la disposition du cultivateur la totalité de sa récolte et lui permet de profiter des moments les plus favorables à la vente ; un battage plus parfait qui donne un rendement plus considérable et tel que la quantité de grains obtenus en plus couvre les frais de la battue.

D. La paille n'est-elle pas dépréciée par l'emploi de la machine ?

R. Loin de là ; comme elle n'est pas brisée, mais seulement froissée, elle n'en est que plus propre, soit à être consommée par les bestiaux, soit à être convertie en fumier après avoir servi de litière.

D. La conservation n'en est-elle pas pas plus difficile?

R. Nullement, car on en forme des meules allongées qui, faites avec soin, sont à l'abri des infiltrations de l'eau pluviale et se conservent aussi bien que dans les bâtiments.

D. Mais le battage au fléau était une opération réservée pour l'hiver et fournissait aux ouvriers du travail pendant la mauvaise saison ; les en priver, c'est donc leur enlever une ressource précieuse pour un temps où les travaux extérieurs sont impossibles?

R. C'est au contraire le plus grand service que les machines à battre rendent à l'agriculture ; sans elles, les travaux de préparation des terres resteraient toujours en retard, parce que le temps auquel ils se feraient le plus utilement continuerait à être occupé par les battues. Les jours de chômage complets par suite d'intempéries sont moins nombreux qu'on ne le pense et suffiront toujours aux autres occupations d'intérieur, tandis qu'il n'y a jamais assez de temps et de mieux employé que le temps consacré au transport des terres, aux nivellements, à l'entretien des fossés. En agriculture, ce n'est pas l'ouvrage qui manque aux ouvriers, ce sont les ouvriers qui manquent à l'ouvrage. Il faut donc multiplier celui qui contribue à l'amélioration des fonds et diminuer celui qui par lui-même n'augmente pas les produits; les battues et la moisson sont de ce nombre.

CHAPITRE VI.

Des Cultures autres que celles des Céréales.

D. Vous avez dit que la culture dans une exploitation ne devait pas se borner à celle des céréales ?

R. Non, car il en est d'autres qui, quoique moins importantes, ont cependant un grand degré d'utilité.

D. Quelles sont-elles ?

R. Les plantes oléagineuses desquelles on extrait l'huile, telles que le colza, la navette, l'œillette et d'autres moins communément cultivées; les plantes textiles, dont les fibres peuvent être tissées en étoffes, telles que le chanvre, le lin ; on les désigne sous le nom de plantes commerciales.

D. Pourrait-on y ajouter la soie ?

R. Cette substance est un produit animal, puisqu'elle provient d'un ver ; cependant, comme celui-ci se nourrit avec la feuille de végétaux cultivés, notamment le mûrier, et que c'est non-seulement à son organisation, mais encore à sa nourriture que ce ver doit la faculté merveilleuse dont il est doué, l'agriculture peut aussi revendiquer la soie comme l'un de ses produits.

D. Quelle place ces cultures tiennent-elles dans une exploitation ?

R. Cette place est déterminée par l'intérêt ou la pratique du cultivateur, et ne peut être fixée d'une manière invariable ni absolue.

D. Quelles en sont les règles ?

R. Celles qui régissent en général toutes les cultures : bonne préparation et richesse du sol, engrais abondants, car il y a perte à se livrer exceptionnellement à la culture de ces plantes commerciales si elles ne procurent pas d'importants bénéfices.

CHAPITRE VII

De la Vigne et de sa Culture.

D. N'est-il pas une autre culture d'une grande importance ?

R. Oui.

D. Quelle est-elle ?

R. C'est celle de la vigne.

D. Quelle est sa destination ?

R. C'est de fournir à l'homme le vin, boisson salutaire qui est le complément de toute alimentation saine et fortifiante.

D. Quels sont les avantages de cette culture ?

R. Ils sont nombreux. Douée d'une force végétative très grande, la vigne peut se cultiver sur des terrains et particulièrement sur des coteaux arides et donner de riches produits là où toute autre culture serait stérile. Le travail assidu qu'exige celle-ci étant très rémunérateur, assure l'existence des populations qui s'y consacrent et que l'on voit croître à mesure qu'elle prend de l'extension. L'usage du vin, qui ne saurait trop se généraliser, en fait l'objet d'un commerce que la France a le privilége, à cause de la supériorité et de la variété de ceux qu'elle produit, d'étendre sur le monde entier. La culture de la vigne a donc un caractère national, qui doit lui faire partager avec celle des céréales ce haut degré d'importance attaché à tout ce qui procure le bien-être et contribue à la conservation de la santé de l'homme.

D. Indiquez, comme vous l'avez fait pour les autres cultures, quelles sont les principales conditions nécessaires à celle de la vigne.

R. Elles consistent dans la nature et l'exposition du sol, dans le choix, la taille et la direction du plan ou cépage, enfin dans la manière de traiter le fruit de la vigne ou le raisin pour en obtenir le vin, ce qui se nomme la vinification.

D. Quelle est la nature du sol qui convient à la vigne?

R. On l'a déjà dit, elle les accepte

presque tous, depuis les plus compacts et les plus forts, jusqu'aux plus légers et aux plus rocailleux. Elle ne se refuse qu'aux terrains humides si l'on n'a pu trouver moyen de les assainir; seulement la différence des sols en amène une dans les procédés de culture et n'est pas sans influence sur la qualité des vins.

D. Doit-on tenir compte de l'exposition dans laquelle un vignoble est placé?

R. Un très grand compte : l'exposition qui procure à la vigne le plus de chaleur et la fait jouir le plus longtemps des rayons du soleil; celle où, par la libre circulation de l'air, telle que les coteaux en général, elle n'a pas à redouter des brouillards stationnaires, doit être préférée.

D. Comme la plupart des végétaux,

la vigne a des variétés d'espèces, y a-t-il un choix à faire entre elles?

R. Oui, et ce choix doit être dirigé par les conditions dans lesquelles se trouvera le vignoble qu'on veut établir. Comme dans toutes les autres cultures, il est certains plants qui conviennent à certaines natures de sol, qui réussissent ici, qui végètent ailleurs. Partout est vrai l'adage: « De bon plant, plante ta vigne. » La bonté du plant est chose relative.

D. En quoi consistent les soins à donner à la vigne?

R. Dans la préparation du terrain qui doit être défoncé, dans des façons successives, dans l'application des engrais qui sont reconnus les plus favorables à cette culture, dans une taille rationnelle dont le but est de ne pas employer les forces de la plante à une production de bois inutile, mais de les diriger vers la fructification sans amener l'épuisement, et de les réserver pour la récolte suivante.

D. La végétation si vigoureuse de la vigne ne doit-elle pas être dirigée et contenue par des moyens artificiels ?

R. Oui. Comme elle se prête à toutes les formes, ici elle a besoin d'être soutenue par des appuis ou échalas, si on l'élève ; là, elle doit être arrêtée par l'ébourgeonnement et le pincement. La variété des pratiques qui la concernent est très grande, la connaissance en est nécessaire ; malheur au vigneron qui les ignore.

D. Le raisin parvenu à sa maturité, comment en fait-on du vin ?

R. Par la fermentation qu'amène promptement le dépôt de la vendange dans des cuves, et par d'autres opérations qui constituent ce qu'on appelle la vinification, de laquelle dépend la bonté du produit que l'on obtient.

D. Faut-il donc donner beaucoup de soins à cette suite d'opérations?

R. Les plus grands. La fermentation étant la principale, on doit veiller à ce qu'elle atteigne le degré suffisant au développement complet de la partie spiritueuse qui forme le caractère distinctif du vin, et dont la grappe s'emparerait si elle restait trop longtemps en contact avec elle. Il est des signes, et même des instruments, qui indiquent le moment précis où le tirage doit s'effectuer; il faut les consulter.

Au tirage succède le pressurage. Le liquide doit toujours être recueilli dans des vases vinaires d'une grande propreté, exempts de ces mauvais goûts et de ces mauvaises odeurs qu'ils contractent si facilement lorsqu'ils sont mal tenus.

Suivent les soutirages et tous les soins dont le vin doit être l'objet jusqu'à ce qu'il soit livré à la consommation.

CHAPITRE VIII.

Du Jardin et de l'Horticulture.

D. Les grandes cultures satisfont-elles à tous les besoins d'une exploitation rurale ?

R. Non. La tenue du ménage, qui en est une partie essentielle, exige des produits abondants et variés qui ne peuvent s'obtenir que par une culture intensive concentrée sur un espace limité qu'on nomme *le jardin*, et qui doit fournir tous les légumes qui entrent dans l'alimentation du personnel de l'exploitation. C'est seulement à ce point de vue que le cultivateur doit s'en occuper.

D. Que doit-il faire pour atteindre ce but ?

R. Choisir dans le voisinage de son habitation un champ dont l'étendue sera proportionnée à l'importance de son ménage, champ qu'il se hâtera d'améliorer par de copieuses fumures, qu'il enclôra exactement pour le mettre à l'abri des dégâts que pourraient causer les animaux, et au milieu duquel il creusera un réservoir pour recueillir les eaux destinées à l'arrosage dont un jardin ne doit jamais être dépourvu.

Les lieux ainsi disposés, on se conformera aux époques de semis et de plantations, afin d'assurer dans la production des légumes une succession non interrompue qui fournisse à la consommation du ménage ce qui lui est nécessaire.

D. Y aurait-il inconvénient à négliger ce genre de culture?

R. Un très grand, qui se traduirait par une augmentation de dépense, si l'on était obligé d'acheter ce que le jardin doit fournir, ou par une altération du régime alimentaire de la ferme, dans lequel les végétaux entrent nécessairement et doivent hygiéniquement entrer pour une partie considérable. Cette nourriture, pour être acceptée avec plaisir, doit comporter le plus de variété possible; et cette variété n'est due qu'au bon entretien du jardin.

D. Cette culture n'a-t-elle pas d'autres avantages ?

R. Placée comme il a été dit près de l'habitation, à l'agrément de laquelle elle contribue, tous les instants que laissent libres les travaux lointains peuvent lui être consacrés ; elle semble être le miroir où se reflètent les qualités du chef de la maison et l'union qui règne dans sa famille, dont chaque membre contribuera pour sa part à cultiver cet espace privilégié, à l'embellir même, afin d'y trouver, à côté d'un aliment indispensable, la simple fleur qui ornera, aux jours de fête, l'église du village et la cheminée du foyer domestique, ainsi que la plante salutaire réclamée bien souvent par les soins à donner à la santé des hommes et à celle des animaux.

CHAPITRE IX.

Des Arbres et des soins à leur donner.

D. Les arbres sont-ils du domaine de l'agriculture ?

R. Oui, car l'agriculture s'occupe de tous les végétaux, et les arbres qui sont certainement les plus grands, les plus beaux, les plus utiles, qui sont l'ornement de l'univers, méritent une attention particulière. Il n'est pas dans la vie de l'homme d'usage auquel ils ne soient appliqués. Leurs fruits servent à sa nourriture ; ils fournissent le bois nécessaire à la construction de son habitation, à son chauffage, à la cuisson de ses aliments ; en un mot, ils rendent la terre habitable ; c'est le désert partout où ils manquent.

D. Cette importance des arbres est-elle suffisamment reconnue ?

R. Elle l'est par les lois qui les placent sous la protection d'une pénalité sévère ; mais elle ne l'est pas assez par les cultivateurs.

D. Quelles sont leurs obligations à cet égard ?

R. Comme les arbres ne sont pas pour eux l'objet d'une culture habituelle et périodique, ils se croient trop facilement dispensés de leur accorder des soins ; ils s'habituent à les considérer comme un produit en quelque sorte spontané qui leur appartient, et ils n'ont aucun souci de leur conservation ; sous prétexte d'en jouir, ils les mutilent, les déshonorent et les épuisent; ils devraient, au contraire, éprouver pour cette œuvre si majestueuse de la création un sentiment de respect qui la leur ferait en quelque sorte vénérer ; en jouissant de ses avantages, ils devraient être pleins de reconnaissance de ce que la source n'en a pas été tarie par ceux qui les ont précédés et se reconnaître l'obligation de la transmettre à ceux qui les suivront. La vie d'un arbre est celle de plusieurs générations au bien-être desquelles il peut contribuer ; il établit donc entr'elles un lien de solidarité qu'il ne faut pas méconnaître.

D. Si les cultivateurs étaient imbus de ces vérités, que feraient-ils ?

R. Ils useraient et n'abuseraient pas des arbres, ils les défendraient de toutes causes de détérioration ; au lieu d'en diminuer le nombre, ils l'augmenteraient en remplaçant par de nouvelles plantations ceux dont leurs besoins ont nécessité l'emploi, et ces arbres, par eux plantés, recevraient de leur part une véritable culture. Quant aux propriétaires des forêts, la garantie d'une bonne exploitation est dans leur intérêt, mais ce n'est point ici que doivent être exposés les principes de l'agriculture forestière ; il suffit d'apprendre aux enfants des écoles primaires que mutiler un arbre c'est une mauvaise action que la loi défend et punit, car c'est détruire au préjudice de ses semblables l'un des dons les plus précieux du Créateur.

CHAPITRE X.

Des Fourrages en général.

D. Qu'entend-on par fourrages ?

R. Tout ce que les animaux peuvent

consommer et qui sert à leur nourriture.

D. Cette culture est-elle d'une grande importance ?

R. On peut affirmer qu'elle est la base sur laquelle repose la prospérité d'une exploitation dont la valeur et la force ont pour mesure la quantité de fourrages dont elle dispose.

D. Comment cela ?

R. Le fourrage correspondant à l'entretien du bétail, lorsqu'on aura exposé le rôle que celui-ci joue dans l'agriculture, l'importance de ce qui le nourrit sera démontrée.

D. Les fourrages sont-ils tous de la même espèce ?

R. Non, les plantes dont ils se composent sont graminées ou légumineuses ; les fourrages sont permanents ou temporaires, c'est la tige ou la racine de la plante qui les fournit ; cette diversité et multiplicité dans la nature des fourrages est la preuve de leur indispensable nécessité ; il en est pour tous les climats, pour tous les sols, et si la Providence a pourvu avec tant d'abondance à la nourriture des animaux, c'est qu'ils sont essentiellement utiles à l'homme.

CHAPITRE XI.

Des Prairies naturelles ou permanentes.

D. Qu'entend-on par prairies ?

R. Ce sont les étendues de terrain consacrées, pour un temps indéterminé, à la production du fourrage que plus spécialement on nomme foin, et qui pour cela sont appelées prairies permanentes ou naturelles, par opposition aux terres sur lesquelles des fourrages annuels ou bisannuels sont remplacés par d'autres cultures, et qu'on nomme prairies artificielles.

D. Comment s'établissent les prairies naturelles ?

R. Elles demandent, pour les terres qui recevront cette destination, une préparation d'autant plus soignée que l'influence doit s'en faire sentir pendant plus longtemps, et que, si elle n'a pas été suffisante, il est souvent impossible de remédier à sa défectuosité.

D. En quoi consiste cette préparation?

R. D'abord dans le choix du sol. Le plus humide, celui auquel sa position permet de recevoir les eaux découlant des fonds supérieurs, doit être préféré; avant d'être converti en prairie, il doit être amélioré par la culture de plantes sarclées qui, ayant exigé un défoncement, une forte dose d'engrais et d'amendements, et ayant été purgé des mauvaises herbes par le sarclage, produira, pures de tout mélange, les plantes fourragères dont la semence lui aura été confiée. Il doit, en outre, être nivelé aussi exactement que possible ; les eaux doivent pouvoir être dirigées sur toutes les parties, et ne séjourner sur aucune.

D. Comment sème-t-on les prairies, et à quelle époque ?

R. Au printemps ou en automne. Lorsque la surface du terrain est bien ameublie et divisée, on répand la graine que l'on recouvre avec la herse et le rouleau.

D. Doit-on ne semer qu'une espèce de graine ?

R. Non.

D. Pourquoi en mélanger plusieurs ?

R. Parce que, dans les prairies permanentes, les plantes se renouvellent et se succèdent sans cesse ; que si l'on n'en semait que d'une seule espèce, le produit irait s'affaiblissant, et on la verrait certainement disparaître en peu de temps, sans être remplacée par une autre plante utile. La nature elle-même indique cette marche ; car partout où un gazon se forme spontanément, il est l'assemblage de diverses plantes.

D. Le mélange des graines peut-il se faire indistinctement de toutes celles qui sont connues ?

R. Non, il est un choix à faire, suivant la nature du sol sur lequel est établie la prairie.

D. Lorsqu'une prairie est semée et qu'elle est en rapport, demande-t-elle d'autres soins ?

R. Oui, et de très-assidus.

D. Quels sont-ils ?

R. Il faut prévenir l'invasion de toute végétation autre que celle de la prairie, telle que celle des buissons et des rejets des arbres environnants ; ne laisser se former sur le sol aucune inégalité qui pourrait contrarier l'action de la faulx, étendre les inégalités produites par les nids de fourmis et le travail de la taupe, ce qui vaut mieux que de détruire la taupe elle-même, qui est plus utile que nuisible à un autre point de vue. Il faut encore apporter sur les prairies des amendements et des engrais; ce qui leur convient très bien, ce sont des composts ou amas de terreaux, que l'on forme en recueillant avec soin des débris de végétaux que l'on mélange avec la terre végétale ; enfin, il faut y amener les eaux dont on peut disposer et en faciliter la distribution sur toute l'étendue de la prairie, par des rigoles d'arrosage bien combinées ; c'est ce qui s'appelle irriguer.

D. L'irrigation est donc utile aux prairies ?

R. Oui, c'est l'un des moyens les plus sûrs de les rendre productives et d'en accroître la valeur.

CHAPITRE XII.

De l'Irrigation des Prairies.

D. En quoi consiste l'irrigation ?

R. L'eau est indispensable à la végétation, elle en est l'un des principaux agents. Toute terre qui en serait privée deviendrait stérile. Celle que les pluies, les rosées fournissent, souvent est insuffisante. Le but de l'irrigation est de suppléer à cette insuffisance, soit en recueillant les eaux que la pente du terrain entraîne, soit en les demandant aux ruisseaux et rivières d'un cours permanent et les dirigeant sur les fonds qui en sont privés. Les prairies surtout réclament cette aide de l'intelligence du cultivateur.

D. A quelle époque faut-il irriguer les prairies? Faut-il souvent leur donner de l'eau et en quelle quantité?

R. L'irrigation se pratique principalement au printemps; elle est bonne en tout temps, si l'on en excepte les temps de gelées. Il faut la rendre plus fréquente et moins abondante, si le sol l'absorbe difficilement, et au contraire très-copieuse et plus rare, si étant foncé il la retient.

D. Toutes les eaux sont-elles également bonnes pour l'irrigation ?

R. Non, c'est la qualité qui en fait l'efficacité. Il en est de plus chaudes, telles que les eaux de sources, de plus riches en matières fertilisantes, telles que celles qui proviennent de fonds supérieurs habituellement fumés ou qui sont dérivées d'un cours d'eau ayant traversé des terrains fertiles ; celles-là produisent un plus grand effet.

D. L'irrigation dispense-t-elle de fumer et d'amender les prairies ?

R. Non, et par cela même qu'elle active la végétation, il est encore plus nécessaire de fournir des aliments à celle-ci.

D. Prairies permanentes veut-il dire qu'elles durent toujours ?

R. Non, et lorsqu'on s'aperçoit que,

malgré les soins qu'on leur donne, elles subissent dans leurs produits un abaissement notable et progressif, il ne faut pas hésiter à les rompre et à les remplacer par une autre culture.

CHAPITRE XIII.

Des Prairies artificielles et des Racines fourragères.

D. Les ressources fourragères d'une exploitation reposent-elles uniquement sur les prairies naturelles ?

R. Non.

D. Pourquoi ?

R. Parce que les prairies fournissent principalement le foin, nourriture sèche des animaux pendant l'hiver, et que leur nourriture verte se compose de plantes fourragères et temporaires.

D. Indiquez les principales ?

R. Les trèfles de différentes espèces : la luzerne, la jarosse, la vesce, le maïs, etc., comme plantes dont la tige se consomme ; et comme racines : la betterave, la carotte, le navet, le raifort, la pomme de terre, le topinambourg et beaucoup d'autres, parmi lesquelles on peut faire un choix heureux, s'il est guidé par la connaissance des aptitudes du sol que l'on consacre à ce genre de culture.

D. Parmi les plantes fourragères que vous venez d'indiquer, n'en est-il pas qui ont une importance spéciale et qui doivent fixer l'attention du cultivateur ?

R. Oui, c'est celle des racines.

D. Comment cette culture s'allie-t-elle aux autres ?

R. En ayant une place marquée dans l'assolement, soit que la plante fourragère soit cultivée seule, soit qu'elle soit semée sur une cercale.

D. Quelle est la condition essentielle de la réussite des plantes fourragères et des racines ?

R. Un terrain défoncé, d'abondantes fumures, et, pour plusieurs, l'emploi du plâtre. On ne doit rien négliger pour obtenir cette réussite, car sur elle repose la nourriture de tout le bétail pendant une partie notable de l'année, et parce qu'une lacune dans la succession de ces fourrages verts apporte un trouble dans l'économie de l'exploitation dont les animaux souffrent, et qui réagit sur l'ensemble.

CHAPITRE XIV.

De l'Aménagement et de la Conservation des Fourrages.

D. Comment s'opère la récolte des fourrages ?

R. Les fourrages destinés à être consommés en sec, se fauchent à la faulx ou à l'aide d'une machine dite faucheuse qui opère à l'instar de la moissonneuse et à laquelle s'appliquent les observations faites sur celle-ci. Le difficile n'est pas de couper les fourrages, mais de les bien faire sécher, on ne saurait y apporter trop de soins et trop de célérité ; c'est pour cela que l'emploi de la faneuse, du rateau à cheval et de tous engins pouvant accélérer l'opération et la bien faire doit être vivement recommandé ; à cela tient la qualité, la conservation et par conséquent la valeur de tout le fourrage.

D. Comment le conserve-t-on ?

R. Si les fenils et les abris couverts sont insuffisants, on peut sans inconvénient comme sans inquiétude en former des meules à l'extérieur en ayant soin de les bien disposer.

D. Et les fourrages verts ?

R. S'ils consistent dans la tige des plantes, ils se coupent et sont immédiatement consommés ; si ce sont des racines, elles sont arrachées, on doit les garantir de la gelée et prévenir la fermentation que, étant entassées, elles éprouvent souvent. Dans ce double but, on les place dans les appartements bas et privés d'air, ou dans des fosses que l'on recouvre de paille et d'une couche de terre assez épaisse pour qu'elles soient à l'abri de la gelée ; c'est ce qu'on appelle les mettre en silos.

CHAPITRE XV.

Des Engrais en général.

D. Que faut-il entendre par engrais?

R. Tout ce qui peut augmenter la fertilité de la terre et rendre la végétation plus active.

D. Les engrais sont-ils nécessaires à l'agriculture ?

R. Ils lui sont indispensables.

D. De quoi se composent les engrais?

R. Comme, par une sage disposition de la Providence, tout provient de la terre, tout y doit retourner, en sorte que c'est elle-même qui fournit les matières qui doivent la féconder. Ces matières sont nombreuses, c'est au cultivateur à savoir les utiliser, elles sont partout à sa disposition, sous toutes les formes, et il est coupable s'il ne les emploie pas et les laisse sans une application directe au sol qu'il travaille.

D. Les engrais sont-ils tous de la même nature ?

R. Non.

D. Indiquez ce qui peut servir à les distinguer et à les classer ?

R. La composition de l'engrais est due à des matières animales, végétales et minérales, et le plus souvent au mélange de ces matières, auquel on donne le nom de fumier ; c'est celui-ci qui doit le plus fixer l'attention du cultivateur.

D. Avant de vous en occuper plus spécialement, dites quelles sont les sources de l'engrais que vous venez de désigner ?

R. La dépouille de tous les animaux après leur mort, leurs déjections pendant leur vie, constituent l'engrais animal, et parmi les déjections, celles de l'homme sont les plus précieuses et doivent être recueillies avec le plus de soin. Souvent ces matières subissent des préparations qui en rendent l'action plus sûre. Il faut en dire autant des substances minérales considérées comme engrais ou amendements ; les unes et les autres sont l'objet d'une industrie et prennent le nom d'engrais fabriqués ou de commerce.

D. Doit-on employer ces engrais ?

R. Oui, lorsque l'on peut être certain qu'ils proviennent d'une bonne fabrication et sont exempts de falsification, car ils sont d'une grande énergie, et par cela même l'emploi doit en être bien dirigé, si l'on ne veut pas qu'il soit suivi de déception.

D. En quoi consiste l'engrais végétal?

R. Dans la décomposition des plantes en végétation qui sont enfouies dans le sol.

D. Cet engrais a-t-il de la valeur et produit-il de l'effet?

R. Quoique ses effets soient moindres et de plus courte durée que ceux de l'engrais animal, ils sont cependant sensibles et c'est un moyen ingénieux de suppléer, à peu de frais, à l'insuffisance de celui-ci.

CHAPITRE XVI.

Du Fumier des Etables.

D. Quel est l'engrais le plus usuel ?

R. C'est le fumier provenant des étables ; il est, à cause de cela, le type dont on se sert pour déterminer la valeur de tous les autres engrais, ainsi que la proportion dans laquelle ils doivent être employés.

D. Comment se forme-t-il ?

R. Particulièrement avec la paille et autres débris de végétaux qui, placés dans les étables sous les animaux pour leur servir de litière, se mêlent à leur fiente, s'impreignent de leur urine et sont convertis en un engrais, le meilleur de tous, le plus abondant, le plus répandu, qui a l'avantage de provenir de l'exploitation elle-même et d'être, par conséquent, à la disposition de tous les cultivateurs.

D. L'intérêt du cultivateur étant d'en avoir en grande quantité, que doit-il faire pour cela ?

R. Le recueillir avec un soin extrême et le disposer de manière à ce qu'il ne perde aucune des qualités qu'il doit avoir.

D. Ces soins et ces dispositions exigent une main-d'œuvre assez considérable ; ce travail trouve-t-il sa compensation dans la valeur qu'il produit ?

R. La plus grande et la plus rémunératrice, puisque de ces soins dépendent tous les rendements de l'exploitation, et que tout engrais perdu entraîne une perte de récolte. Tout doit être mis à profit pour grossir le tas de fumier ; les eaux qui en découlent, et que l'on nomme purin, ne doivent pas inutilement se répandre sur le sol environnant, mais elles doivent être réunies dans une fosse pour servir à l'irrigation par divers procédés, ou être rejetées sur le fumier lui-même.

D. Quand et comment s'emploie le fumier ? en quel état et en quelle quantité ?

R. La nature de la récolte détermine le mode d'application du fumier. Il est enfoui, ou bien mis en couverture ; on le laisse faire et se consommer, ou bien on le répand au sortir de l'étable. Il n'est pas de sujet agricole qui ait donné lieu à plus de recherches et même de controverses que l'application de l'engrais ; mais on peut conclure de la diversité des opinions émises à cet égard que le fumier est une si excellente chose que toujours, et dans toutes les circonstances, il est utile, et que ce que l'on a de moins à redouter, c'est d'en faire abus. Inutile donc de prescrire des doses obligées, des époques précises d'emploi. La formule à adopter est celle-ci : Rarement *assez* et plus rarement encore *trop*. En cette matière, ce qui doit servir de guide aux cultivateurs privés de notions scientifiques, c'est l'expérience et le résultat de leur pratique.

D. N'est-il pas cependant une règle générale qu'il est bon de retenir ?

R. Il faut tenir grand compte de la nature du terrain. Est-il fort ? il demande une fumure plus abondante et moins fréquente parce qu'il retient plus longtemps les principes fertilisants dont on l'a enrichi; est-il léger? il les laisse s'évaporer et doit en recevoir plus souvent, mais en moindre quantité.

CHAPITRE XVII.

Du Bétail.

D. L'ensemble des animaux entretenus sur une exploitation a été désigné sous le nom de bétail; quels sont les avantages qu'on en retire?

R. Trois principaux: le travail, la rente et l'engrais, c'est-à-dire tout ce qui constitue les moyens d'action et le but de l'agriculture.

D. Envisageant le bétail sous ce triple rapport, dites en quoi il est utile au travail agricole?

R. Ce travail lui est presqu'entièrement dévolu, l'homme le dirige plutôt qu'il ne l'exécute et ses forces seraient loin d'y suffire ; ainsi toutes les opérations de la culture demandent le concours des animaux, c'est par eux que s'effectuent les transports, que s'établissent les communications et les échanges ; sans eux, la vie des champs perdrait son activité et deviendrait cette vie individuelle de l'état de nature à laquelle Dieu ne nous a pas destinés.

D. Quels sont les animaux consacrés au travail ?

R. Chaque pays a su y appliquer ceux dont il lui a été possible de se servir, mais généralement, ce sont les bœufs et les chevaux.

D. Y a-t-il lieu de préférer les uns aux autres ?

R. On peut les comparer, examiner

leurs qualités et leurs inconvéniens, et il en résultera qu'une réponse absolue ne saurait être faite à cette question.

D. Dites alors en quoi ces deux espèces diffèrent au point de vue du travail ?

R. Les travaux de défoncement et de labour, tous ceux qui demandent l'emploi d'une force lente et continue pour surmonter de grands obstacles, conviennent aux bœufs ; ils peuvent cependant être exécutés par les chevaux ; mais à ceux-ci doivent être réservés les transports et tout ce qui réclame plus de célérité ; ce qui amène à dire qu'en les employant concurremment, l'agriculteur complète ses moyens d'action.

D. N'y a-t-il pas entr'eux des différences économiques ?

R. Oui, le capital que représente la

valeur du bœuf peut être conservé et même augmenté malgré le travail qu'on en obtient, tandis que celui du cheval décroît par l'usage qu'on en fait. Le bœuf, utile même après sa mort, laisse à son maître sa chair en héritage, le cheval ne lui laisse qu'une dépouille d'une mince valeur ; si pendant sa vie la somme de son travail est supérieure à la somme du travail fournie par le bœuf, il exige un entretien plus coûteux pour son ferrage, son harnachement, et même sa nourriture

D. Ces différences n'existent donc pas pour le pays où la culture se fait exclusivement avec des chevaux ?

R. Elles sont les mêmes ; mais elles sont atténuées par des circonstances locales, telles que l'élève des chevaux auxquels le travail des champs convient très bien pendant les premières années de leur élevage.

D. On ne doit donc pas chercher à substituer la culture par les chevaux à celle par les bœufs et réciproquement ?

R. Non, parce que chacune a sa raison d'être au lieu où elle se pratique et que rarement ces essais d'innovation ont été heureux ; il faut se contenter de les allier dans la mesure que permettent les habitudes et le caractère des populations.

D. Les animaux fournissent-ils directement une rente ?

R. Oui.

D. Comment ?

R. Par leur multiplication, leur croît, leur laitage, leur engraissement et leurs diverses dépouilles.

D. Cette rente ne s'obtient-t-elle pas également des animaux de travail ?

R. Oui, mais pour qu'elle soit plus considérable, il faut que, dans une exploitation importante, elle soit spécialement tirée de ceux qu'on nomme alors bétail de rente ; une destination est toujours mieux remplie lorsqu'elle est unique.

D. Faut-il donner aux animaux de rente des soins particuliers ?

R. Oui, et ces soins doivent être en rapport avec la destination des animaux et consister surtout dans leur alimentation.

D. Le bétail étant envisagé comme producteur d'engrais, comment s'évalue cette production ?

R. Par le nombre de têtes dont on a pris l'unité dans une bête bovine d'un poids déterminé et soumise à un bon régime d'entretien.

D. Pourquoi a-t-on adopté le mode d'évaluation ?

R. Parce que la consommation d'un animal étant en raison directe de son volume ou de son poids, plus il est considérable plus il consomme ; c'est donc la mesure la plus exacte du fumier qu'il peut fournir.

D. Ce mode s'applique-t-il à la totalité du bétail ?

R. Oui, en estimant que l'unité de la tête bovine peut être représentée et avoir son équivalent par un certain nombre de bêtes d'un poids et d'une valeur moindres. C'est ainsi que dix moutons sont réputés valoir une tête de gros bétail pour la production de l'engrais.

D. Quelle est l'utilité d'opérer ce rapprochement entre des animaux de différentes espèces ?

R. C'est de déterminer le nombre d'animaux dont une exploitation doit être pourvue pour s'assurer les engrais dont elle a besoin.

D. A quoi doit se rapporter ce nombre ?

R. A l'étendue de l'exploitation.

D. Quelle est la proportion généralement indiquée ?

R. Une tête de gros bétail par hectare de terre cultivée.

D. Est-ce par le poids ou par le volume que doit être évaluée la quantité de fumier que donne cette proportion ?

R. C'est le poids qui en est l'évaluation la plus exacte.

CHAPITRE XVIII.

De l'Amélioration du Bétail.

D. Le bétail est-il susceptible d'amélioration ?

R. Oui.

D. En a-t-il besoin ?

R. Oui.

D. Chaque espèce ne se conserve donc pas dans l'intégrité de sa constitution ?

R. Non, et l'état de domesticité hâte la dégénérescence de l'espèce, il faut des soins continuels pour la prévenir.

D. Comment y parvient-on ?

R. Par le croisement entre les différentes races d'une même espèce, ou par la sélection, c'est-à-dire, le choix fait des animaux reproducteurs dans une même race.

D. Quel est le but du croisement ?

R. C'est de transférer les qualités et les aptitudes bien reconnues d'une race à celle qui en est dépourvue ou ne les possède que faiblement : telles que la force musculaire, les facultés lactifères, la propension à l'engraissement.

D. Qu'obtient-on par la sélection ?

R. Une race étant donnée qui réunit à un degré suffisant toutes les qualités exigées pour sa destination, il s'agit de la maintenir ainsi ; pour cela on ne la fait reproduire que par des animaux qui portent d'une manière évidente les signes extérieurs des qualités que l'on veut perpétuer et même augmenter.

D. De ces deux modes d'améliorer le bétail, quel est le préférable ?

R. C'est encore une question à laquelle on ne peut faire une réponse absolue, car ces deux modes ont produit des résultats excellents.

D. Par quoi se distingue le croisement?

R. Le croisement opère la transformation de l'animal d'une manière plus prompte et plus sensible, mais il doit être fait avec discernement. Il est dans les races diverses des aptitudes qui sont difficiles à concilier, et l'on est exposé à voir disparaître, dans le produit obtenu, les qualités des deux races que l'on a voulu réunir. Le croisement doit être poursuivi avec persévérance et sans variation, chaque race tendant toujours à revenir à son type originel.

D. Comment opère la sélection ?

R. La sélection agit plus lentement, elle est à l'abri des erreurs du croisement ; c'est la race perfectionnée par elle-même qui se conserve pure et peut ainsi fournir des animaux reproducteurs au croisement lui-même qui, s'il ne s'effectue pas entre des races pures, ne peut avoir que les résultats les plus incertains.

D. Que conclure de cette comparaison entre le croisement et la sélection?

R. Que, quoiqu'il en soit de ces deux moyens d'amélioration, il faut y avoir recours, sous peine de voir son bétail perdre une grande partie de sa valeur, et diminuer considérablement ses produits. Le cultivateur doit prendre conseil de sa position, de la quantité et de la nature de ses ressources fourragères avant de se fixer sur une race ou un croisement, et ne jamais oublier que l'amélioration de son bétail est de la plus haute importance.

D. Qu'exige encore l'amélioration du bétail?

R. Une alimentation suffisante et de bonne qualité, un logement sain et bien aéré, pas d'excès de travail, des précautions hygiéniques pour prévenir l'invasion des épizooties ; en cas de maladies, l'emploi d'un traitement rationnel et l'exclusion des conseils et des recettes de l'empirisme.

CHAPITRE XIX.

Du Bétail autre que les Bêtes de l'espèce bovine et chevaline.

D. Quelles autres espèces entrent dans la composition de l'ensemble du bétail d'une exploitation ?

R. L'espèce ovine, porcine, et tous les oiseaux de basse-cour qui sont désignés sous le nom générique de volaille.

Ces animaux, joints à ceux de l'espèce bovine qui reçoivent cette destination, forment le bétail de rente dont les produits ont été détaillés d'une manière générale dans le chapitre XVII de ce catéchisme.

D. Spécialisez-les.

R. Ceux d'une vacherie sont nombreux et entrent tous dans l'alimentation de l'homme. Veaux, lait, beurre, fromage en proviennent. L'espèce bovine livre à la boucherie la majeure partie de la viande qui se consomme. L'élève des chevaux en fait aussi des animaux de rente par les produits qu'on en obtient.

D. Quels sont les produits de l'espèce ovine ?

R. Un troupeau de moutons s'entretient sur une exploitation pour en retirer de la laine, de la viande, le lait des brebis, les agneaux, et enfin un engrais très-fertilisant.

D. L'espèce ovine offre-t-elle des avantages ?

R. De très grands, quelle que soit la nature du produit qu'on veuille en obtenir. Elle est une application de la culture pastorale dans ce qu'elle a de plus productif et utilise à peu de frais des ressources fourragères dont on ne tirerait aucun parti.

D. Cette espèce a-t-elle plusieurs races ?

R. Oui.

D. Ces races ont-elles des aptitudes différentes ?

R. Oui, les unes sont élevées pour leur laine, les autres pour leur chair. Le climat, le sol, la qualité des fourrages doivent influer sur le choix de la race et rendre le troupeau permanent, c'est-à-dire, se reproduisant par lui-même, ou successif, c'est-à-dire se composant de bêtes achetées pour être engraissées.

D. Quelle est l'utilité de l'espèce porcine ?

R. Son usage général comme aliment.

D. Compte-t-elle plusieurs races ?

R. Un très grand nombre.

D. Que doit-on rechercher dans l'espèce qu'on élève ?

R. Une conformation qui se prête à un grand et rapide développement et permette de compenser largement ce que consomme l'animal par le poids qu'il atteint.

D. Qu'avez-vous à dire sur les oiseaux de basse-cour ou la volaille ?

R. Ils sont avec raison classés parmi les animaux de rente, puisque leurs produits étant consommés trouvent sur tous les marchés un écoulement facile, et qu'à toutes les époques de l'année ils sont réclamés par les besoins journaliers du ménage.

D. Ne leur attribue-t-on pas un rendement très-incertain, ne va-t-on pas jusqu'à dire qu'ils sont plutôt une cause de perte, et que, dans une culture avancée et étendue, il serait mieux de s'abstenir d'élever de la volaille ?

R. Ce genre de produit n'est certainement qu'un détail dans l'ensemble de la culture, dû plutôt à des soins minutieux qu'à une avance de capital ; on est embarrassé lorsque, voulant lui appliquer les règles d'une comptabilité rigoureuse, on cherche à établir une balance exacte entre son prix de revient et sa valeur. Ce n'est cependant pas une raison d'affirmer qu'il n'en a aucune. La volaille cause, il est vrai, des dégats dans les récoltes, mais elle détruit une foule d'insectes nuisibles, elle recueille les épaves des champs, celles surtout qui abondent autour des bâtiments ; on la nourrit avec des déchets de grains qui ne peuvent avoir une autre destination, et pourvu qu'on ne donne pas à la production de la volaille une extension abusive, on peut dire qu'elle constitue une rente pour l'exploitation. Envisagée exclusivement, elle peut devenir une industrie, alors elle a ses conditions en dehors de celles de la culture.

CHAPITRE XX.

Du Matériel agricole.

D. De quoi se compose le matériel agricole ?

R. De l'ensemble des instruments et outils dont on se sert pour exécuter les travaux de l'exploitation, soit intérieurs, soit extérieurs.

D. L'outillage a donc une grande importance ?

R. Oui, il est pour l'agriculture, comme pour la manufacture industrielle, une cause principale de bonne exécution.

D. Le matériel tend-il toujours à se perfectionner ?

R. Oui, l'expérience, l'usage des

instruments en démontre l'imperfection et fait naître l'idée de les modifier.

D. D'où vient que les instruments perfectionnés sont accueillis avec une espèce de méfiance et sont difficilement adoptés ?

R. C'est que le plus souvent ils ne sont pas compris par le cultivateur qui s'effraie de leur apparente complication et ne sait s'en servir ; n'obtenant pas l'effet désiré, il les repousse; souvent aussi il leur demande plus ou autre chose que ce qu'ils peuvent opérer, et les place dans des conditions impossibles, en face d'obstacles qu'ils ne sont pas faits pour surmonter.

D. Quel est l'avantage des instruments perfectionnés ?

R. C'est de produire avec moins de peine pour ceux qui s'en servent et pour les animaux qui les mettent en mouvement, un travail plus considérable et meilleur.

Ceux qui sont le résultat de combinaisons mécaniques, tels que les semoirs, les moissonneuses, les faucheuses, demandent pour première condition de succès un terrain à surface unie, parfaitement préparé. Indépendamment d'une action directe, ils rendent encore un grand service à l'agriculture en forçant à apporter à la préparation des terres les plus grands soins.

D. La possession d'un matériel d'instruments perfectionnés n'exige-t-elle pas l'emploi d'un capital qui augmente le prix de revient des produits?

R. Ce ne serait vrai que si le matériel n'était pas calculé d'après les besoins de l'exploitation. S'il les dépasse, il cesse d'être productif. C'est au cultivateur à faire à cet égard ce qu'il faut et à ne pas aller au-delà. Autant il doit ne jamais hésiter, fût-ce même au prix de quelques sacrifices, à se procurer des instruments éprouvés, autant il doit se tenir en garde contre la séduction de nouvelles inventions.

D. La conservation et l'entretien du matériel ne sont-ils pas pour le possesseur choses indispensables?

R. Oui, sans cela le matériel ne tarderait pas à être à charge, ne remplirait plus sa destination et serait une cause de dépense sans cesse renaissante.

D. Les instruments qui composent un matériel agricole sont-ils nombreux?

R. Moins qu'on ne pourrait le supposer. Les travaux de culture proprement dits s'exécutent avec les instruments à main tous connus, avec la charrue simple ou composée, la herse, le rouleau. Les formes très variées données à ces instruments ne sont que des perfectionnements relatifs à la nature du sol sur lequel ils sont employés, et qui sont modifiées par elle; la nomenclature en reste la même.

D. La force motrice appliquée à la culture n'a-t-elle pas été l'objet d'une remarquable innovation?

R. Oui, la vapeur a été mise à la disposition de l'agriculture, elle fait mouvoir la batteuse, le hâche-paille, le coupe-racine, et tous les instruments d'intérieur; bientôt, il faut l'espérer, elle épargnera aux hommes et aux animaux la fatigue des plus durs travaux des champs sous lesquels souvent ils succombent ou devant lesquels ils reculent.

D. N'est-il pas à craindre que l'emploi des machines se généralisant et s'appliquant à un grand nombre de travaux agricoles, les bras de l'homme ne restent inoccupés et que beaucoup d'ouvriers ne soient sans ouvrage et par conséquent sans pain ?

R. Cette crainte a été exprimée lorsque l'industrie, devançant l'agriculture, a fait usage des machines, et l'expérience a prouvé qu'elle n'était pas fondée. Au lieu de diminuer, le travail manuel s'est accru en raison directe de l'usage des machines. Il en sera forcément de même en agriculture, car si les travaux les plus pénibles sont rendus plus prompts, plus faciles, moins coûteux, ils seront exécutés sur une plus grande échelle. La culture devenue plus productive s'étendra. Le cultivateur aura intérêt à ne pas la restreindre, d'où résultera une grande augmentation de travaux accessoires qui demanderont toujours le bras de l'homme. Le service et la fabrication des machines elles-mêmes, des transports plus considérables, en un mot, tout le mouvement dont une exploitation florissante par l'emploi des machines devient le centre, exigera beaucoup plus d'ouvriers qu'au temps où l'on s'imagine qu'elle aurait dû en occuper davantage.

CHAPITRE XXI.

Des Améliorations foncières.

D. Qu'entend-on par améliorations foncières?

R. Ce sont les travaux qui ont pour but de modifier la nature, la composition et la configuration du sol, non-seulement en vue d'une récolte, mais d'une manière permanente.

D. Indiquez quels sont les travaux les plus ordinairement effectués pour atteindre ce but?

R. Les défoncements et les nivellements, l'emploi des amendements, l'écobuage, l'assainissement et le dessèchement, l'irrigation et le collematage.

D. Il a déjà été expliqué ce qu'étaient

le défoncement et le nivellement, n'avez-vous rien à ajouter à ce qui a été dit ?

R. La nécessité pour une bonne culture de s'opérer sur une couche arable, profonde et bien divisée, présentant une surface unie, ayant été affirmée et même sommairement justifiée, on pourrait encore décrire les procédés par lesquels ce résultat s'obtient, mais ce serait entrer dans des détails que ne comportent pas les notions exclusivement générales auxquelles cet enseignement élémentaire doit se borner.

D. Qu'avez-vous à dire sur les amendements ?

R. Ils ont été définis : tout ce qui peut rendre la terre plus apte à la production, par l'addition et le mélange de certaines substances.

D. Désignez les principaux amendements ?

R. Les principaux amendements sont la chaux, le plâtre, la marne, l'argile, la silice. Ils se distinguent des engrais en ce que ceux-ci provoquent la production, et cette distinction est faite pour empêcher de les confondre, afin qu'on ne se dispense pas de fumer lorsqu'on amende. Cependant il est des amendements qui renferment une vertu fertilisante, l'écobuage est de ce nombre.

D. Qu'est-ce que l'écobuage ?

R. L'écobuage consiste à retourner un terrain privé depuis plusieurs années de culture, et qui ayant servi de pacage est couvert d'une végétation naturelle. On forme, avec les mottes provenant de ce premier travail, des tas isolés qu'on laisse sécher et auxquels on met le feu. Lorsque tout ce qui est combustible est consumé, ces tas sont répandus sur la surface du terrain et lui communiquent pour quelques années une grande force de végétation. Cette pratique est surtout répandue dans les pays où de vastes espaces resteraient incultes à défaut d'engrais pour les fertiliser, de bestiaux et de bras pour les cultiver.

D. En quoi consistent le dessèchement et l'assainissement ?

R. Ce sont les travaux par lesquels on enlève à la terre, en facilitant l'écoulement des eaux, tout excédant d'humidité, nuisible aux récoltes et à la salubrité du pays. Cet écoulement suppose le nivellement, puis l'ouverture des fossés par lesquels ces eaux sont dirigées sur les rivières dont le cours les entraîne.

D. D'où proviennent ces eaux ?

R. De la pluie et des sources ou nappes d'eaux qui existent dans le sous-sol. On se délivre des premières par des fossés creusés à la surface et qui restent ouverts, c'est le dessèchement; et des secondes par des tranchées profondes aboutissant à un point de décharge assuré, et au fond desquelles sont placés des tuyaux ou des pierres concassées et que l'on recouvre; c'est l'assainissement qu'on désigne aussi sous le nom de drainage.

D. Ces opérations sont-elles utiles à l'agriculture?

R. Oui, il est des fonds qui sans elles ne pourraient être cultivés ou qui ne rapporteraient que des récoltes ne couvrant pas les frais.

D. L'irrigation n'est-elle pas un complément du dessèchement et de l'assainissement et comme eux une amélioration foncière?

R. Oui, et des plus considérables; l'eau n'est nécessaire à la végétation que dans certaines conditions; celle qui séjourne lui est contraire, mais lorsqu'on a fait cesser cet inconvénient, il faut pouvoir amener l'eau qui lui est indispensable, être maître de la répandre en quantité suffisante au moment qui convient. C'est le but de l'irrigation. Les cultures fourragères en ont particulièrement besoin. La nécessité et les effets de l'irrigation se font plus sentir dans les pays chauds où l'action du soleil combinée avec celle de l'eau procure à la végétation une grande activité; mais partout elle est bienfaisante; le mode d'emploi seul peut varier. C'est donc une amélioration foncière qu'il faut réaliser lorsqu'on en a la possibilité.

D. N'est-il pas un autre moyen de se servir des eaux?

R. Oui, lorsqu'on a à sa disposition un cours d'eau abondant qui, ayant traversé des régions fertiles et des gisements de minéraux considérés comme amendement, entraîne en grande quantité ce que l'on aurait intérêt à apporter sur un fonds, on l'y introduit par une dérivation, on le submerge, on en retient les eaux jusqu'à ce qu'elles aient déposé les matières précieuses qu'elles tiennent en suspension, et le sol se trouve ainsi fécondé par ce genre d'inondation artificielle, mais salutaire, qu'on nomme collematage.

CHAPITRE XXII.

De la Direction d'une Exploitation.

D. Après avoir fait connaître les divers moyens d'action que possède l'agriculture, dites comment ils doivent être mis en œuvre ?

R. Par la bonne direction de l'exploitation et le judicieux emploi des ressources dont elle dispose.

D. Quelle est la première condition d'une exploitation et que doit faire avant tout celui qui en est chargé ?

R. Bien connaître le terrain qu'il se propose de cultiver et se tracer un plan d'exploitation en rapport avec la position et la nature du sol.

D. Que doit comprendre ce plan ?

R. L'ordre dans lequel les cultures seront pratiquées et se succèderont, c'est-à-dire un assolement, lequel ne peut être le même partout; le genre des travaux qui seront à exécuter, et dont les époques et la succession seront combinées de manière qu'ils se suivent sans se contrarier; enfin une appréciation approximative des dépenses mise en regard des rendements présumés, afin de s'assurer si l'exploitation a en bestiaux, en fourrage, en engrais, en instruments ce qui lui est nécessaire.

D. La chose est-elle possible?

R. Sans aucun doute, et c'est ici le lieu de faire un rapprochement entre l'agriculture et l'industrie. Dans l'atelier industriel, tout est réglé avec précision; le travail surveillé s'exécute avec ensemble, les résultats en sont calculés et prévus. Il devrait en être de même dans l'atelier agricole malgré la différence qui existe entre eux. Cette différence, sous une habile direction, peut en partie disparaître ; et ce ne sera que lorsque ces deux ateliers seront assimilés le plus possible que l'agriculture marchera sur les traces de l'industrie qui la précède dans la voie du progrès.

D. Sur quoi doivent se porter les soins et la vigilance du directeur d'une exploitation ?

R. Ils doivent en embrasser toutes les parties. A l'intérieur, le directeur doit établir un ordre rigoureux, prévenir les consommations inutiles, tout en assurant la tenue du ménage et l'entretien des bestiaux, et faire tourner au profit de la propreté et de l'agencement général de l'exploitation ces moments morcelés que laissent libres les travaux extérieurs. Ceux-ci doivent être réglés d'avance afin d'éviter les fausses manœuvres, et exécutés autant que possible sur un même point, afin de rendre la surveillance plus facile.

D. Quelles sont les autres qualités d'une bonne direction?

R La direction d'une exploitation doit être active, persévérante, pleine de fermeté. C'est ainsi que, malgré l'étendue du cercle sur lequel elle agit, elle peut, en quelque sorte, concentrer l'atelier agricole à l'instar de l'atelier industriel.

D. Mais l'agriculture étant dominée par une foule de faits indépendants de la volonté du cultivateur, comment celui-ci pourra-t-il s'imposer une règle inflexible?

R. C'est ici que se montre l'excellence de sa profession ; son intelligence et son habileté lui indiqueront en quoi il peut s'écarter de son plan sans le perdre de vue, il saura le modifier en présence de circonstances imprévues, mais ce sera toujours pour y revenir.

D. Quel est le guide le plus sûr de la direction ?

R. C'est la comptabilité.

D. Qu'est-ce que la comptabilité ?

R. C'est la connaissance vraie et constante de la situation et des résultats d'une exploitation par la fixation exacte de ce que chacune des opérations coûte et produit.

D. Quel est l'effet de la comptabilité sur la direction ?

R. C'est de la maintenir dans la voie qui produit et de lui faire éviter celle qui perd.

D. Comment se tient une comptabilité?

R. Sur ce point encore, il faut que l'agriculture imite l'industrie. La comptabilité commerciale a ses principes et ses règles qui sont exposés dans des traités spéciaux ; on a su les appliquer à l'agriculture, et ils font partie de l'enseignement agricole complet.

Il suffit à l'enseignement primaire d'en avoir affirmé la nécessité en énonçant que, sans cette connaissance, quelle que soit la manière dont elle est acquise, le succès de l'exploitation est toujours compromis.

CHAPITRE XXIII.

Du Personnel et des Agents de l'exploitation.

D. Qu'entend-on par le personnel d'une exploitation ?

R. Les domestiques et les ouvriers qu'elle emploie et auxquels est due la main-d'œuvre des travaux agricoles.

D. Que doit être ce personnel ?

R. Il doit être proportionné aux besoins de l'exploitation, afin que bien dirigé il puisse y faire face.

D. Il y a donc perte à ne pas employer la main-d'œuvre suffisante ?

R. Oui.

D. Comment la main-d'œuvre est-elle profitable à l'exploitation ?

R. Quand la valeur qu'elle produit dépasse le prix qu'elle coûte ; s'il en est ainsi, elle n'est jamais chère, sinon, elle l'est toujours trop.

D. Quels sont les devoirs des domestiques ?

R. Ces devoirs sont de consacrer tout leur temps au service de l'exploitation, à laquelle ils sont liés par un contrat ; de s'intéresser à la prospérité de la ferme, car ils en profitent ; de partager la sollicitude du maître pour prévenir les pertes et les dégâts ; d'exécuter avec exactitude les ordres qui leur sont donnés; en un mot, d'être fidèles, laborieux et obéissants.

D. Quels sont les devoirs des maîtres envers les domestiques ?

R. Les maîtres doivent rétribuer convenablement les domestiques, suivant leur capacité, les bien traiter, veiller sur leur conduite, leur commander avec douceur, proportionner le travail à leurs forces, en un mot, les environner des soins d'un père de famille.

D. Quelles sont les obligations réciproques des ouvriers et du maître?

R. La main-d'œuvre de l'ouvrier qui n'est que transitoirement sur une exploitation est de deux sortes : à la journée ou à la tâche. Quand l'ouvrier est à la journée et qu'il reçoit un salaire déterminé, le temps qu'il perd est de sa part un vol manifeste, puisqu'il en a reçu le prix. S'il est à la tâche, c'est dans la manière dont il exécute le travail que gît l'accomplissement de ses obligations : si pour en faire davantage, il le fait mal, il augmente son gain aux dépens du maître qui n'a entendu lui payer qu'un travail exempt de reproches. La surveillance du maître doit donc porter sur l'emploi du temps pour le travail à la journée, et sur la bonne exécution pour le travail à la tâche. Dans l'un et dans l'autre cas, il doit apporter dans ses rapports avec l'ouvrier une grande équité et toujours lui donner l'exemple de la bonne foi.

D. Ce que vous venez de dire sur les domestiques, les agents et la main-d'œuvre de l'exploitation ne s'applique-t-il qu'aux hommes?

R. Non.

D. Les femmes doivent donc prendre part aux travaux de l'agriculture?

R. Oui, et leur coopération contribue essentiellement à la prospérité de la ferme.

D. A quels travaux doivent-elles spécialement se consacrer?

R. D'abord à tous les travaux d'intérieur, aux détails du ménage, aux différentes préparations qu'exigent le laitage et les autres produits de la basse-cour, aux soins à donner aux animaux qui la composent, à la garde des bestiaux dans les champs. Sur elles repose le bien-être général de la ferme; à elles surtout sont confiées l'enfance et la vieillesse; par leur activité, leur ordre et leur économie, est assurée la prospérité de l'exploitation que l'absence de ces qualités compromet toujours.

D. Ne peuvent-elles pas en outre se livrer à certains travaux de culture?

R. Oui, et leur participation à ceux qui sont dans la mesure de leurs forces est, dans beaucoup de circonstances, d'une indispensable nécessité! Il en est même qu'elles exécutent avec plus de facilité et de promptitude que les hommes.

D. Que résulte-t-il quand elles s'en abstiennent ?

R. Il résulte un préjudice notable qui se fait sensiblement apercevoir dans les contrées où les femmes ne prennent aucune part aux travaux des champs ; ce qui constitue une perte journalière de temps et de forces, ces deux éléments du succès en agriculture.

CHAPITRE XXIV.

Du Résultat final de la Culture.

D. A quoi doit aboutir une exploitation bien dirigée ?

R. A donner un bénéfice ou revenu net.

D. D'où se tire ce revenu ?

R. De l'ensemble des produits de l'exploitation.

D. Comment les produits sont-ils convertis en revenus?

R. Les uns sont consommés dans l'intérêt de l'exploitation, les autres sont vendus pour couvrir les frais; l'excédant forme le revenu net.

D. Tout doit donc aboutir à la conversion en argent de ce qui n'est pas consommé.

R. Oui.

D. N'est-ce pas du rapport qui existe entre le prix de revient et le prix de vente que résultent les profits ou les pertes de l'exploitation?

R. Oui.

D. Qu'est-ce que le prix de revient?

R. C'est tout ce que coûte la création du produit.

D. Et le prix de vente?

R. C'est la valeur du produit converti en argent.

D. Le cultivateur doit-il plutôt aspirer à l'abaissement du prix de revient qu'à l'élévation du prix de vente?

R. Son véritable intérêt est dans l'abaissement du prix de revient.

D. Pourquoi?

R. Parce qu'il est en son pouvoir d'abaisser le prix de revient et qu'il ne peut rien sur le prix de vente.

D. Comment peut-il abaisser le prix de revient?

R. Par l'abondance des produits dus à une culture bien dirigée, par le bon emploi de la main-d'œuvre, par l'usage des instruments perfectionnés, toutes choses qui sont à sa disposition.

D. Comment l'abondance des produits est-elle cause que le prix de revient est moins élevé?

R. Parce que l'augmentation des produits n'entraîne pas une augmentation correspondante de frais.

D. Ce n'est donc pas dans un prix élevé de vente que consiste la rémunération du travail agricole?

R. Non, elle est dans la plus ou moins bonne culture.

D. Il faut donc moins se préoccuper du prix de vente?

R. Oui, il faut moins ambitionner ce qu'on appelle un prix rémunérateur, qui devrait être toujours plus considérable pour une culture peu productive, que s'appliquer à faire une culture rémunératrice par elle-même, qui donne des produits de l'abondance desquels découle nécessairement l'abaissement du prix de revient et qui ne fait plus une nécessité de l'élévation du prix de vente pour couvrir les dépenses.

D. Cette élévation n'est donc pas à désirer ?

R. Elle n'a qu'un avantage apparent ; souvent elle devient un véritable préjudice pour le cultivateur, surtout si ses produits ne sont pas abondants, car alors le prix de revient est considérablement augmenté ; mais toujours elle est une calamité pour la masse des consommateurs qui ne doivent pas souffrir de la négligence ou de l'impéritie du cultivateur.

FIN DE LA DEUXIÈME PARTIE.

CATÉCHISME AGRICOLE.

3e Partie.

CHAPITRE Ier.

De l'Agriculture considérée comme une science.

D. L'agriculture constitue-t-elle une science ?

R. Oui.

D. Qu'est-ce qu'une science ?

R. C'est la connaissance qu'on a des principes d'une chose, des règles auxquelles elle est soumise, des lois d'après lesquelles elle existe, se conserve ou se détruit. Ce qui est du domaine de l'intelligence que Dieu a donnée à l'homme, tout ce qui se rapporte à son bien-être moral et physique est l'objet d'une science.

D. Comment s'acquiert la science?

R. Par l'étude, l'observation et l'expérience.

D. La science est-elle indispensable à l'homme?

R. Oui, elle est encore son plus bel attribut.

D. Peut-elle être possédée par tous?

R. Non.

D. Comment sert-elle à ceux qui en sont privés?

R. Les résultats qu'elle obtient, les règles qu'elle pose sont acquis pour ceux qui ignorent comme pour ceux qui savent, à condition que les premiers accepteront ces résultats et ces règles, les tiendront pour certains et ne demanderont qu'à les connaître pour en profiter.

D. On doit donc croire à la science ?

R. Oui.

D. Que doivent y voir ceux qui ne l'ont pas acquise ?

R. Un guide sûr dans l'exercice de leur profession.

D. L'étude n'étant pas possible à tous, l'observation et l'expérience ne peuvent-elles pas y suppléer ?

R. Non.

D. Pourquoi ?

R. Parce que les observations et les expériences individuelles sont nécessairement incomplètes. Pour être concluante, l'obervation doit reposer sur un grand nombre de faits, afin d'amener une comparaison plus étendue d'où découle une conséquence ; la science seule recueille des faits nombreux : plus le champ de l'observation est réduit, plus elle est sujette à l'erreur ; en admettant même qu'on n'ait laissé échapper aucune occasion de l'exercer, ce qui n'est pas présumable pour le plus grand nombre des agriculteurs, ce qui même dépasse la portée de leur intelligence.

D. Et l'expérience ?

R. On doit en dire autant.

D. L'une et l'autre n'ont-elles pas même un inconvénient et un danger ?

R. Le temps, et un temps très long, leur étant nécessaire, elles débutent par l'incertitude, elles s'acquièrent par des dépenses improductives, par des fautes dont on subit les conséquences, et le cultivateur qui croit avoir assez de ces deux guides, n'arrive souvent à la découverte d'une vérité que lorsqu'il ne peut plus en profiter, tandis que la science qui n'est autre chose que l'observation et l'expérience, moins le temps et l'argent qu'elle coûte, le met à l'abri d'écarts désastreux.

D. Mais la science seule assure-t-elle le succès de l'agriculture, ne l'a-t-on pas vue échouer dans l'application ?

R. Oui.

D. D'où cela vient-il ?

R. De ce que l'application doit être faite par une pratique exercée.

D. La pratique et l'expérience ne sont donc pas la même chose ?

R. Non.

D. Quelle en est la différence ?

R. La pratique exécute, l'expérience constate les résultats, les compare et conclut. Le travail est du ressort de la première, la science est le produit de la seconde ; elles doivent être unies, il n'est pas indispensable que ce soit dans la même personne ; le bras n'est pas la tête, mais pour réaliser une idée l'un ne peut rien sans l'autre.

D. De quoi se compose la science agricole ?

R De plusieurs connaissances distinctes dont chacune fait l'objet d'une science spéciale.

D. Est-il nécessaire à l'agriculteur de posséder à fond toutes ces connaissances ?

R. Il lui suffit de s'attacher pour chacune d'elles à la partie dont l'application peut être faite à l'agriculture, et cette diversité de connaissances assigne le premier rang à la science agricole.

D. Indiquez quelles sont parmi les sciences exactes ou naturelles, celles qui ont un rapport plus direct avec l'agriculture ?

R. La géologie, la physique, la chimie, les mathématiques, la mécanique, la zoologie, la botanique.

CHAPITRE II.

De la Géologie.

D. Qu'est-ce que la géologie ?

R. C'est la partie des sciences naturelles qui a pour objet la connaissance et la description du globe terrestre, les différentes matières dont il se compose, la formation et la disposition de ces matières.

D. Comment la géologie se rapporte-t-elle à l'agriculture et peut-elle lui être utile

R. L'agriculture, ainsi que son nom l'exprime et suivant la définition qui en a été donnée, a pour unique objet de cultiver la terre, il importe donc de la connaître.

D. Est-on parvenu à cette connaissance?

R. Les savants qui se sont occupés de la géologie ont pu, en ce qui concerne l'agriculture, recueillir des notions sûres et suffisantes pour éclairer sa marche.

D. Que leur a-t-il été donné de faire à cet égard?

R. Ils ont déterminé quelle était la composition de la terre végétale ou propre à la culture; ils ont signalé et décrit les différentes espèces de sol; non-seulement celui de la surface, mais pénétrant plus avant, ils ont interrogé les couches superposées et ont fait connaître la nature de chacune.

D. Quel parti l'agriculteur peut-il tirer de ces découvertes?

R. Un parti immédiat et essentiel à l'exercice de sa profession. Les conditions dans lesquelles se trouve le sol qu'il doit cultiver lui étant connues, il sait si la couche arable réunit les qualités qui constituent la terre végétale, ou quelles sont celles qui lui manquent. Dans le premier cas, il opère sans crainte; dans le second, d'autres sciences lui diront comment il faut modifier la couche arable, ou s'il doit ne s'y attacher qu'à un genre de culture. La connaissance du sous-sol lui est aussi très-utile, car souvent il y rencontrera des obstacles qu'il était loin de soupçonner.

D. Pour retirer ces avantages de la géologie, est-il nécessaire que l'agriculteur la connaisse?

R. Non, mais pour suppléer à ce défaut de connaissances personnelles ou approfondies, il faut qu'il se persuade qu'elles sont possédées par d'autres que lui et qu'il cherche sans cesse l'occasion de se les approprier sans avoir eu la peine de les acquérir.

CHAPITRE III.

De la Physique.

D. Qu'est-ce que la physique?

R. C'est la connaissance des lois naturelles qui régissent l'univers; elle explique les causes et les effets de ce qui tombe sous les sens de l'homme.

D. Quels sont les rapports de cette science avec l'agriculture?

R. Ils sont très-nombreux. Toutes les opérations de culture doivent être jugées au point de vue de la physique, qui les justifie ou les condamne. Cette science explique l'influence de l'atmosphère et des phénomènes qui s'y manifestent; elle indique les moyens rationnels d'atténuer ce qu'ils ont de nuisible ou d'augmenter leur action lorsqu'elle est bienfaisante; elle donne, dans une mesure utile, la connaissance du temps; elle dissipe de nombreuses erreurs et détruit des préjugés funestes.

CHAPITRE IV.

De la Chimie.

D. Qu'est-ce que la chimie ?

R. C'est la partie des sciences naturelles qui a pour objet l'étude des phénomènes produits par les corps mis en contact, lorsque ces phénomènes ont pour résultat de changer la nature intense de ces corps ; c'est la science de la composition et de la décomposition de la matière. Etant donnés des corps simples ou composés, elle connaît les affinités et les répulsions qui existent entre eux, comment ils s'attirent ou se repoussent, sous quelles influences ils se combinent, quelles sont les propriétés des corps nouveaux résultant de leur combinaison.

D. De quel secours peut être une telle science à l'agriculture ?

R. C'est celle qui peut lui rendre les plus grands services en indiquant les substances qui favorisent ou activent la végétation.

D. Comment cela ?

R. Les corps ou la matière dont est composé l'univers ont des propriétés différentes ; ils sont simples ou composés, s'ils sont formés d'éléments distincts qui peuvent se séparer ; mais la matière est douée d'un mouvement incessant sous l'influence de l'air, de la chaleur ou de la lumière et d'autres agents physiques. Ce mouvement est la vie du monde, il amène entre les corps des contacts et des rapprochements qui opèrent des combinaisons variées à l'infini, et donnent naissance à des corps nouveaux ayant des propriétés qui leur sont propres.

D. Comment l'agriculture peut-elle faire l'application de ceci ?

R. L'agriculture qui agit sur la terre, c'est-à-dire sur la matière au point de vue de la végétation, y rencontre, comme cela a été dit, des éléments qui lui sont nuisibles, d'autres qui lui sont favorables. La chimie sert à constater la présence de ces éléments, à les distinguer, à écarter ou neutraliser les uns, à multiplier et rendre plus actifs les autres, et elle met en contact les corps qui peuvent utilement se combiner pour la végétation.

D. Il résulte donc de ce que vous venez d'expliquer que toutes les théories sur les amendements et les engrais, sur leur efficacité, chose essentielle en agriculture, sont dues à la chimie et que sans elle il n'y aurait qu'incertitude dans l'emploi qu'on en ferait ?

R. Oui, et l'on peut dire que la chimie est à l'agriculture ce que sont à la digestion des aliments bien préparés. Mais l'agriculteur doit toujours attendre qu'une expérience bien avérée ait confirmé le résultat de ses découvertes.

CHAPITRE V.

De la Mécanique.

D. Qu'entend-on par mécanique ?

R. La mécanique est la science qui traite du mouvement, qui en explique les causes et les forces.

D. Faites en l'application à l'agriculture ?

R. L'agriculture emploie des instruments qui ont tous besoin d'être mis en mouvement, et dont les effets résultent de la force qui les fait mouvoir ; multiplier cette force, la rendre plus régulière en diminuant la fatigue qu'elle impose aux hommes et aux animaux, c'est rendre l'agriculture plus facile et plus productive, c'est ce que fait la mécanique.

D. Tous les instruments, sans exception, dont se sert l'agriculture exigent-ils dans leur construction des règles mécaniques ?

R. Oui, et c'est ce qui fait entrer cette science dans l'enseignement avancé de l'agriculture.

CHAPITRE VI.

De la Zoologie et de la Zootechnie.

D. Définissez cette science?

R. C'est l'étude des animaux en général, et plus spécialement pour l'agriculture, des animaux domestiques, de leur formation, de leurs organes intérieurs et extérieurs, de leur caractère, de leurs habitudes et aptitudes.

D. A quoi correspond cette science dans l'économie rurale?

R. A la connaissance du bétail qui en est une des parties les plus importantes, aux soins à lui donner, au régime à lui faire suivre, au choix des espèces et des races, à la direction des croisements.

CHAPITRE VII

De la Botanique.

D. Quelle est cette science?

R. C'est celle qui traite des végétaux, en fait connaître la propriété et qui les classe.

D. En quoi la botanique sert-elle à l'agriculteur?

R. Elle sert à lui apprendre les propriétés des plantes qu'il cultive, les caractères des espèces, genres et familles auxquels elles appartiennent, le climat et le terrain qui leur conviennent, l'emploi qui peut en être fait pour l'alimentation ou dans un autre but. Cette connaissance est le complément de celle que la géologie lui a fournie sur le sol.

CHAPITRE VIII.

Des Sciences Mathématiques.

D. Quelles sont parmi les sciences mathématiques celles qui se rattachent à l'agriculture ?

R. C'est d'abord la géométrie et la trigonométrie, sciences qui servent à la mensuration des terrains, nécessaires pour guider l'emploi des semences, des engrais et des amendements, qui donnent aux terrassements et nivellements la précision sans laquelle ne peuvent se pratiquer l'assainissement, le dessèchement et l'irrigation. C'est ensuite le calcul ou l'arithmétique sur laquelle repose la comptabilité, et toutes les opérations de vente, d'achat et de règlement de salaires.

CHAPITRE IX.

De l'Enseignement agricole.

D. Que conclure de ce que tant de sciences se lient à l'agriculture?

R. Qu'elle est elle-même une grande science qui doit être l'objet d'un enseignement spécial.

D. Cet enseignement existe-t-il?

R. Oui.

D. Faut-il le rechercher?

R. Sans aucun doute.

D. Où le reçoit-on?

R. Il est accessible à tous les cultivateurs comme enseignement primaire; il peut devenir secondaire pour un assez grand nombre et supérieur pour quelques-uns. Le premier degré est dans les écoles primaires, le second dans la ferme-école, le troisième dans les écoles régionales et instituts agricoles entretenus par l'Etat.

Il répond ainsi à toutes les positions que l'agriculteur doit occuper dans la société.

Le simple ouvrier, le contre-maître, le directeur de l'exploitation doivent être au niveau de leurs fonctions et pour cela avoir reçu le degré d'instruction qu'elles comportent. Mais dans cette belle profession, l'intelligence, l'amour du travail, la bonne conduite, sont des moyens assurés de s'élever du dernier rang au premier, si l'on n'a négligé aucune occasion de s'instruire.

FIN.

EPILOGUE.

Le but de ce Catéchisme uniquement destiné aux enfants qui fréquentent les écoles primaires était non pas d'en faire avant le temps des agriculteurs, mais de les préparer à le devenir, en confiant à leur mémoire, pour être plus tard transmises à leur intelligence, des idées premières qui ne fissent jamais obstacle à une instruction plus complète. Lorsqu'au sortir des écoles primaires ils entreront dans la vie pratique, ils feront nécessairement l'application de ces principes élémentaires aux travaux auxquels ils seront alors faiblement associés, et à mesure qu'ils avanceront en force et en âge, ces travaux leur en faciliteront l'intelligence et leur inspireront le désir de les mieux comprendre pour les mieux exécuter.

Alors commencera pour eux la véritable éducation agricole, et soit qu'ils la reçoivent dans des écoles spéciales, soit que, comme cela arrivera au plus grand nombre, elle ne soit que le résultat de la pratique, du moins une ignorance originelle n'arrêtera pas le développement de leurs facultés.

Un des plus sûrs moyens de rendre l'homme heureux est de lui inspirer dès l'enfance l'amour de la profession à laquelle il est destiné, et c'est encore ce que l'on s'est proposé dans ce catéchisme. L'excellence de la profession agricole a été exaltée sur tous les tons, et la poésie elle-même n'a pas eu de trop gracieuses couleurs pour en peindre les charmes. Ces séduisants tableaux n'auraient pas été ici à leur place, car ils sont ordinairement tracés par des mains ignorantes des travaux qui durcissent celles des cultivateurs. Il valait mieux énumérer les peines de ceux-ci que raconter leurs souffrances. En effet, ce sont leurs peines qui font leur mérite; ce sont leurs labeurs qui les placent au premier rang de la société. Il eût été sans doute facile de tenir un langage qui, peut-être, eût été plus agréable aux enfants, et de leur parler des riantes prairies, des frais ombrages, du doux murmure des eaux, d'un ciel toujours pur et azuré; mais ils doivent plutôt connaître la rigueur des frimats, l'intempérie des saisons, la fatigue du travail. Tout cela tiendra dans leur existence une place bien plus large que les instants de bien-être qui ne leur seront cependant pas refusés. Ce qu'il faut leur apprendre à aimer dans cette vie des champs, ce sont précisément les fatigues; ce qui doit la leur rendre belle, c'est qu'elle est une lutte continuelle où l'homme déploie sa force et son courage et où il poursuit, au milieu de peines sans nombre, l'accomplissement de la noble tâche que son créateur lui a imposée. La terre est pour celui qui la cultive un vaste atelier en même temps qu'elle est un instrument de travail; collaborateur de Dieu lui-même dans cette œuvre incessante de la production, c'est l'intelligence de l'homme qui en coordonne les éléments, et sa prévoyance qui en assure le succès.

L'homme sème et Dieu fait germer

la semence, dit un proverbe espagnol, qui définit ainsi d'une manière fort exacte la part de chacun ; et, en vérité, celle de l'homme, quoique la moins puissante, n'en est pas moins belle. La nature a reçu de son auteur des lois générales auxquelles elle obéit invariablement ; la première de ces lois est ce mouvement continuel imprimé à la matière qui fait qu'elle se transforme sans cesse par des combinaisons infinies ; l'air, la lumière, la chaleur, aident à ces transformations diverses ; mais l'homme a le pouvoir de les diriger, de les varier et de les rendre profitables, c'est là pour lui le grand art de la culture. La moisson qui couvre un champ est le résultat de l'aptitude à la germination qu'a toute semence confiée à la terre, mais cette moisson n'est belle et abondante que parce que celui qui l'a semée a su la placer dans des conditions de succès, et le mérite du cultivateur est en raison des obstacles qu'il a eu à surmonter ; ouvrier habile, il fait servir à la production tous les principes répandus autour de lui, en les rapprochant, en les combinant souvent, en les neutralisant les uns par les autres.

Plus forte que les éléments, sa volonté ne craint pas d'entrer en lutte avec eux : s'il est vaincu, il se relève plein de courage et recommence le combat, éclairé par l'expérience que lui a donnée sa défaite. Est-il une plus belle, une plus noble vie que celle-là ? En est-il de plus utile et qui mérite à son terme une plus grande récompense ? Dieu lui-même se charge de la donner, et c'est pour faire sentir au cultivateur la grandeur de sa mission que le divin auteur de l'Evangile nous a laissé cette parabole significative :

« Un roi avait confié à ses serviteurs diverses sommes d'argent plus ou moins importantes ; lorsqu'ils vinrent lui rendre compte de l'emploi qu'ils en avaient fait, ils furent loués dans la proportion du zèle et de l'intelligence que chacun d'eux avait apportés à les faire valoir. Mais il en fut un qui, peu confiant dans la justice de son maître et ne remplissant pas ses intentions, s'était dit : Mon maître est avide, il veut recevoir plus qu'il n'a donné, je lui rendrai ce qu'il m'a remis et rien de plus, il ne saurait se plaindre. Et afin de soustraire à toute chance de perte la somme que le roi lui avait confiée, il l'enfouit dans la terre et la rapporta intacte ; mais le roi, irrité de cette conduite, le fit punir sévèrement. »

Qui ne voit là l'étendue des obligations imposées aux agriculteurs ? Dieu ne leur a pas donné la terre pour qu'ils la laissent stérile, il ne suffit pas qu'ils rendent ce qu'ils ont reçu, et comme ils l'ont reçu, ils doivent doubler, tripler la somme, afin que leurs travaux profitent non-seulement à eux, mais à ceux qui ont une autre mission. Chacun dans ce monde a reçu son talent à la charge de le faire valoir, et tandis que les uns donnent leur sang à la patrie ou lui consacrent leur intelligence, que d'autres tissent les vêtements, construisent les habitations, portent ou vont chercher dans les contrées lointaines les objets qui contribuent à l'agrément et à la conservation de la vie, ceux auxquels le sol a été remis doivent en faire sortir la nourriture nécessaire à tous. Leur négligence serait coupable, et il ne leur sera pas demandé ce qu'ils ont reçu mais l'usage qu'ils en ont fait.

Elevée à la hauteur du plus important des devoirs, la profession agricole donne à ceux qui s'y livrent des droits incontestables qu'une société bien réglée n'a jamais méconnus.

C'est ce qu'on ne saurait trop inculquer dans l'esprit des enfants, afin que devenus hommes, ils remplissent dignement leur destinée, se persuadant qu'ils n'ont rien à envier à celle des autres, et qu'ils restent inaccessibles aux séductions d'une vie plus facile. Alors ils sentiront le prix de l'instruction, ils rechercheront les moyens de l'acquérir, ils sauront lire dans le grand livre de la nature toujours ouvert sous leurs yeux. Mais pour préparer ce résultat si désirable, il ne faut pas commencer par un enseignement qui serait mal compris et ne laisserait aucune trace, il faut d'abord initier les jeunes intelligences à ces notions vulgaires que ceux qui savent s'étonnent d'entendre énoncer et dans lesquelles l'enfance se complait. C'est aux enfants que ce catéchisme s'adresse pour qu'ils deviennent des cultivateurs.

TABLE

PREMIÈRE PARTIE.

DEUXIÈME PARTIE.

TROISIÈME PARTIE.

www.ingramcontent.com/pod-product-compliance
Ingram Content Group UK Ltd.
Pitfield, Milton Keynes, MK11 3LW, UK
UKHW020122200726
13856UKWH00002B/682

9 782011 319012